이만하면
괜찮은 부모

세상의 나쁜 것을 이기는 부모의 좋은 힘

이만하면
괜찮은 부모

김진영
×
고영건
지음

고정선
그림

한국경제신문

세상의 나쁜 것을 이기는
부모의 좋은 힘

아마도 심리학자들이 세상에서 가장 어려워하는 일 중 하나가 바로 자녀를 돌보는 일일 것이다. 우리 부부에게도 마찬가지다.

우리는 이 책을 딸이 대학을 졸업한 직후부터 쓰기 시작했다. 부모 역할은 말 그대로 끝없는 일이겠지만, 딸이 어느덧 성인이 되어 사회로 나가는 모습을 지켜보는 일은 우리에게 기쁨 그 자체였다. 무릇 정원사는 오랜 시간 동안 땅을 파 일구고 거름을 주며 온갖 비지땀을 흘린 다음에야 비로소 정원을 감상할 기회를 얻게 된다. 우리도 이제야 비로소 딸과 함께해왔던 시간을 바라볼 짬을 얻었다.

사실, 딸과 함께했던 시간을 돌아보니 우리도 여느 부모들처럼 '짠한' 감정이 들곤 한다. 딸이 돌을 갓 지나 한창 부모의 품을 필요로 할 때, 우리는 대학의 시간강사였다. 생계를 위해 '보따리 장사(대학의 시간 강의)'를 다녀야 했기 때문에 딸은 어려서부터 유랑해야 했다. 부부가 모두 1교시 수업을 배정받을 때면, 이른 새벽부터 서울 끝자락 도봉구에서 딸의 큰이모가 사는 분당까지 잠든 아이를 들쳐업고 나가 딸을 맡긴 다음 강의를 끝내고 다시 딸을 찾아 집으로 귀환하는 일을 학기 내내 반복해야 했다. 이따금 딸을 큰이모 집에 맡기고 나올 때 딸이 깨서 엄마를 애타게 찾을 때면 그저 눈물지을 수밖에 없었다. 그러나 다행히 얻는 것도 있었다. 어려서부터 유랑 생활에 단련된 덕분에 딸은 커서도 차멀미를 하지 않게 되었다!

우리 부부가 모두 대학에 교수로 부임한 다음에도 딸은 부모의 빈자리를 경험해야 할 때가 많았다. 우리가 미국 대학에서 연구원 생활을 하는 동안 딸은 그곳에서 초등학교를 다녔다. 거기서 여러 친구와 즐겁게 지내다가 부모가 한국 대학에 부임하게 되어 어쩔 수 없이 귀국한 직후, 딸은 미국의 초등학교 친구들을 많이 그리워했다.

귀국 초 딸은 거의 날마다 미국으로 되돌아갈 수 없는지를 우리에게 묻곤 했다. 그 무렵의 일이다. 우리가 외부 일정이 있어 밤늦게 귀가한 적이 있었는데 집에 와보니 딸아이가 화장실 청소를 하고 있는 것이었다. 딸에게 왜 야심한 시각에 쉬지 않고 청소를 하고 있었는지 물었더니, 집에 혼자 있으니까 시간이 너무나 더디게 가는 것 같아서 청소라도 하면 시간이 좀 더 빨리 갈까 해서 그랬다고 대답했다.

한국에서 새로운 친구들을 사귀기까지는 어느 정도 시간이 필요할 수밖에 없기 때문에, 우리는 딸아이와 의논해 임시방편으로 집에서 암컷 햄스터 한 마리를 키우기로 했다. 딸은 새로운 식구가 된 햄스터에게 '지니(Jiny)'라는 이름을 붙여주었다. 딸은 햄스터 이름을 그냥 그렇게 짓고 싶었을 뿐이라고 말했지만, 우리는 그 이름을 듣고서 뜨끔했다. 엄마의 영어식 애칭이 바로 '지니(Jinny)'였기 때문이다. 비록 철자는 달라도 딸이 무엇을 간절히 바라는지를 분명히 보여주는 이름이었다.

처음에 딸은 햄스터를 키우면서 무척 기뻐했다. 그러나 얼마 지나지 않아 표정이 다시 어두워지기 시작했다. 그 이유를 물어보니 지니가 너무 외로워 보여 슬프다고 말했다. 누가 보더라도 동병상련을 느끼는 것이 분명해 보였다. 가족회의를 다시 연 끝에, 결국 햄스터 수컷 한 마리를 추가로 데려와 지니와 함께 키우기로 했다.

그 후로 몇 달도 지나지 않아 딸은 도저히 외로움을 느낄 겨를조차 없이 바쁜 나날을 보내야 했다. 몇 달도 되지 않아 우리 집에 식구가 엄청나게 늘었기 때문이다. 두 마리로 출발했던 햄스터가 불과 몇 달 사이에 무려 마흔네 마리로 늘어났다. 우리 식구 모두 말로만 듣던 그 전설과도 같은 햄스터의 번식력을 생생하게 체험할 수 있었다.

사실, 햄스터를 키우기 시작한 지 얼마 안 되었을 때 그 폭발적인 번식력을 확인하자마자, 우리는 불가피하게 비상조치를 단행했다. 햄스터를 독립 공간에 한 마리씩 분리해서 키우기로 한 것이다. 그런 비상조치를 취했는데도 놀랍게도 우리 집 햄스터 수는 계속 늘어났다. 바로 보이지 않는 손 덕분이었다! 딸이 이따금 햄스터가 외로워하지 않도록 합방을 시킨 것이었다. 나중에 알게 된 사실이지만 딸은 햄스터의 암수를 정확하게 감별해냈다.

그리하여 한동안 우리 세 식구는 마흔네 마리의 햄스터와 동거해야 했다. 그 시기에 우리는 일주일마다 햄스터용 톱밥을 갈아주느라 중노동에 시달려야 했다. 햄스터 한 마리의 톱밥을 갈아줄 때와는 달리, 마흔네 마리 각각의 집에서 톱밥을 갈아줄 때는 엄청난 에너지가 필요했다! 물론 그 중노동이 우리 집 식구들 건강에 조금 도움이 된 것은 사실이다. 그러나 여름에 수많은 햄스터가 뿜어내는 냄새는 도무지 견뎌낼 재간이 없는 수준이었다. 그 모든 수고에도 불구하고 귀국 초 어려운 시기에 햄스터가 딸의 정서적 안정에 도움이 된 것은 분명하기에, 우리는 영면 중인 마흔네 마리의 햄스터에게 지금도 고마운 마음을 갖고 있다.

초등학교 시절부터 딸은 그림을 몹시 그리고 싶어 했다. 딸이 그림용 전자펜과 자그마한 태블릿을 사달라고 부탁했을 때, 우리에겐 한 치의 망설임도 없었다. 부모로서는 딸이 그림을 그릴 여건을 마련해주는 것이 햄스터 마흔네 마리를 키우는 것보다는 훨씬 더 환영할 만한 일이었기 때문이다. 특히 지금에 와 되돌아보니 결과적으로 탁월한 선택이었던 것으로 보인다. 처음부터 계획했던 일은 아니었지만 부모로서 딸에게 투자한 보람도 확연히 느낄 수 있기 때문이다. 우리가 이 책을 쓰기로 했다는 얘기를 듣고서 딸이 흔쾌히 삽화를 그려주기로 했다. 물론, 인세를 가족 간에 의가 상하지 않을 수준으로 나눈다는 전제가 붙기는 했지만.

살면서 크고 작은 어려움을 겪기 마련이다. 그러나 다행스럽게도 살면서 겪는 일에는 '나쁜 일'보다는 '좋은 일'이 행복에 더 중요한

이만하면 괜찮은 부모

영향을 준다. 이 책은 세상의 나쁜 것을 이기는 부모의 좋은 힘에 관한 것이다.

이 책을 한마디로 요약하자면, 다음과 같다. 자녀가 세상에게서 받을 수 있는 '가장 좋은 선물' 중 하나는 바로 부모의 보살핌이라는 것이다. 부디 부모가 자녀에게 세상의 나쁜 것을 이기는 좋은 힘을 선물하는 데 이 책이 조금이나마 도움이 될 수 있기를 간절히 바란다.

이만하면
괜찮은 부모

차례

1장

우리 모두에게
필요한 것

아마도 누구나 한번쯤은 '우~ 베이비 베이비(Ooh Baby Baby)'라는 노래를 들어봤을 것이다. 아름다운 선율과 함께 '우우우~ 베이비 베이비'라는 가사가 흘러나오는 이 노래는 한 세탁 세제 회사에서 오랫동안 광고 음악으로 사용되기도 했다. 이 노래를 부른 가수는 바로 린다 론스태드(Linda Ronstadt)다.

미국 음악 잡지 〈롤링 스톤(Rolling Stone)〉은 그 가수를 '록의 비너스(Rock Venus)'라고 했다.[1] 린다 론스태드는 앨범을 1억 장 이상 판매했고 그래미상(Grammy Awards)을 11차례나 수상했다.[2] 또 미국 로큰롤 명예의 전당에 이름을 올렸을 뿐만 아니라, 미국 정부가 예술인에게 주는 가장 영예로운 상인 국가예술상도 수상했다.

팝 스타로 활동하는 내내 린다 론스태드는 좋은 엄마가 되고자 하는 꿈을 간직하고 있었다. 1980년에 한 잡지와 인터뷰하면서 린다는 "저는 아이들을 정말 좋아해요"라고 말했다.[3] 그러면서 배우자와 함께할 수 있다면 육아의 즐거움이 배가되어 더욱 좋겠지만, 자신은 결혼 여부와는 상관없이 혼자서라도 아이를 키우는 일을 잘 해낼 수 있을 것이라고 했다.

공연장 무대 위에서는 슈퍼스타였던 린다도 삶이라는 무대에서 로맨스만큼은 뜻을 이루지 못했다. 한 인터뷰에서 린다 론스태드는 자신이 로

맨스에는 조금도 재능이 없는 것 같다고 말했다.[4] 결국 린다는 아이를 입양하기로 결심했다.[5] 1990년 12월, 메리(Mary)라는 여아를 입양함으로써 그토록 고대하던 엄마가 되었다. 그리고 4년 후, 린다는 아들 카를로스(Carlos)를 입양해 마침내 그녀가 늘 원했던 모습의 가족을 완성했다.

2012년에 린다 론스태드에게 불행이 찾아왔다. 진행성 핵상마비(progressive supranuclear palsy)에 걸린 것이다.[6] 이는 파킨슨병과 유사한 질환의 하나로 일상생활 동작에서 속도가 심각하게 저하하는 문제가 발생한다. 결국 린다는 목소리를 잃고 무대에서 은퇴할 수밖에 없었다. 그러나 2020년에 진행된 한 인터뷰에서 린다는 병중에도 "저는 가족과 친구들에게서 많은 도움을 받고 있어서 매우 만족합니다"라고 말했다.[7]

린다 론스태드가 발표한 곡 중에는 '사랑하는 이에게 전하는 노래'[8]가 있다. 1957년에 밴드 파이브 로열스(5 Royales)가 발표한 곡을 1996년에 린다가 리메이크한 것이다. 이때 린다는 원래 연인을 위한 사랑가였던 곡을 어린이를 위한 자장가로 재해석해 발표했다. 이렇게 한 이유를 짐작하기란 그다지 어렵지 않다. 이때 린다 자신이 바로 무대와 가정을 오가며 두 살 된 아들과 여섯 살 된 딸을 키우는 '워킹맘'이었기 때문이다. 그 노래에는 다음과 같은 가사가 나온다.[9]

아가야, 내가 너와 멀리 떨어져 있는 동안

네가 무척 힘들어한다는 것을 나도 잘 안단다.

그건 내게도 무척 힘든 일이기 때문이지.

그러나 가장 어두운 시간은 바로 동트기 직전인 법이란다.

(....)

인생은 결코 우리가 원하는 대로만 될 수는 없는 거란다.

네가 나를 사랑한다는 것을 알기만 한다면, 나는 만족할 수 있단다.

네가 특별히 나를 위해 해주었으면 하는 것이 하나 있구나.

그것은 '모든 사람이 필요로 하는 것'이지.

이 책의 목적은 부모를 위한 심리학 지식과 기술을 소개하는 것이다. 따라서 '모든 사람들이 필요로 하는 어떤 것'에 관한 얘기를 하려 한다.

아마도 부모가 자녀를 위해 해줄 수 있는 일들은 무척 많을 것이다. 그러나 그 첫걸음은 '모든 사람이 필요로 하는 어떤 것'을 전하는 것이어야 한다. 부모가 자녀에게 이를 건너뛴 채 무작정 다른 것들을 나눠주려고 할 경우, 결국 그것은 사상누각(沙上樓閣)에 불과할 것이기 때문이다.

그렇다면 과연 '모든 사람이 필요로 하는 어떤 것'이 무엇일까?

물론 이 질문에 정답은 존재하지 않으며 그 '어떤 것(something)'이 오직 하나일 필요도 없다. 여럿일 수도 있고 다다익선(多多益善)에 속하는 것일 수도 있다. 다만, 그것이 무엇이든 우리는 그중 하나만 갖추더라도 제대로 갖추기만 한다면 아마 충분히 만족할 수 있을 것이다. 그러면 이제 바로 그 '어떤 것'에 대해 자세히 살펴보도록 하자.

이만하면 괜찮은 부모

세상에서 가장 좋은 선물들

《아낌없이 주는 나무》라는 동화가 있다.[10] 그 이야기는 나무가 소년에게 몸통을 놀이터로 내어주며 시작된다. 나무는 자신의 그늘도 소년에게 쉼터로 내어준다. 소년이 자라서 청년이 되자, 나무는 돈이 필요한 청년에게 사과를 내어준다. 나중에 청년이 가정을 꾸릴 성인이 되자, 나무는 집이 필요한 성인에게 나뭇가지들을 재료로 내어준다. 그 후 성인이 중년의 나이가 되자, 나무는 배가 필요한 중년 신사에게 몸통을 통째로 내어준다. 먼 훗날 그 중년 신사가 노인이 되어 다시 찾아왔을 때, 나무는 노인이 편히 쉴 수 있도록 그루터기마저 내어준다.

표면적으로 그 이야기는 어느 나무와 소년에 관한 이야기다. 그러나, 그 책을 읽는 사람들은 자연스럽게 부모와 자녀 관계를 떠올리게 된다. 그런데 그 책을 읽다 보면, 문득 의문이 들기도 한다. '부모란 자녀에게 '아낌없이 주기만'하는 존재인가?'라는 점이다.

물론, 부모가 자녀에게 아낌없이 내어주는 것은 분명 좋은 일이다. 그러나 부모와 자녀 사이에서는 훨씬 더 좋은 일이 일어나기도 한다. 바로 부모와 자녀가 '좋은 선물을 주고받는 것'이다. 제아무리 '주는 기쁨' 또는 '받는 기쁨'이 크다 할지라도, '주고받을 때의 기쁨'에는 못 미치는 법이다.

따라서 자녀에게 무조건 베풀기만 해서는 좋은 부모가 되는 데 한계가 있다. 평생 부모가 자녀에게 베풀면서 살았지만 그 결말이 좋지 않은 사례는 그다지 어렵지 않게 찾을 수 있다. 왜 이런 일이 생기는 것일까? 오로지 주기만 하는 부모는 오직 받기만 하는 자녀를 만들 위험성이 있기 때문은 아닐까?

전통사상에서 '효(孝)'를 강조하는 이유가 바로 여기에 있다. 심리학적인 관점에서 볼 때, 효는 부모와 자녀가 좋은 선물을 주고받을 수 있도록 돕는 일종의 문화장치라고 할 수 있다. 오로지 자녀에게 베풀기만 하고 자녀에게서 좋은 선물을 받을 줄 모르는 부모는 자신도 모르게 자녀를 효를 모르는 사람, 즉 불효자식으로 만드는 셈이 된다. 그리고 그러한 자녀가 행복하게 살아가기는 어렵다.

물론, 부모가 자녀에게 효를 억지로 강요해서는 안 될 것이다. 그러나 자녀가 성숙한 삶을 살도록 도우려면 부모가 자녀에게 효를

이만하면 괜찮은 부모

실천할 기회를 줄 필요가 있다. 즉, 자녀가 부모에게 주는 선물을 지혜롭게 받을 줄 알아야 한다.

그렇다면, 부모와 자녀가 서로 주고받기에 좋은 선물들로는 어떤 것들이 있을까? 바로 기쁨, 희망, 사랑, 연민, 믿음, 용서, 감사 그리고 경외감과 같은 '최상위의 긍정감정'[11]들이다. 이러한 감정들의 공통점은 모두 '나 홀로' 경험할 수 없다는 점이다. 즉 그러한 감정들은 오직 '관계' 속에서만 경험할 수 있다.

기본적으로 최상위의 긍정감정들은 '출산 과정'과 밀접한 관계가 있다. 따라서 이러한 감정들을 '포유류의 핵심감정'이라고 한다.[12] 아기가 태어나는 순간을 떠올려보자! 바로 그 순간, '부모'의 마음은 기쁨, 희망, 사랑, 연민, 믿음, 용서, 감사 그리고 경외감이라는 감정들로 넘쳐난다.

새 생명이 탄생하는 순간 부모는 '고진감래(苦盡甘來)'의 기쁨을 경험하게 된다. 또 아이의 존재는 가족에게 새로운 희망을 상징한다. 만약 세상에 대한 믿음이 없다면 부부가 아이를 갖기로 합의하는 것은 불가능할 것이다. 또 사랑의 감정이 없다면 아이를 갖기로 한 부부의 합의는 공수표에 불과했을 것이다. 신생아가 울음을 터트릴 때 부모는 연민의 감정을 경험하게 된다.

그러나 아이가 길고 어려운 여정에도 불구하고 무사히 출생하게 되었음을 확인하는 순간 부모는 자연스럽게 감사하는 마음을 갖게 된다. 그리고 아기를 안고 있는 부모는 용서의 상징과도 같은 존재다. 그 어느 때보다 인자하고 온화한 모습을 보이기 때문이다. 너무나도 당연한 얘기지만, 부모는 자녀를 용서할 수 있다! 도저히 용서할 수 없을 것 같은 순간에서조차도 말이다. 마지막으로, 새 생명의 탄생을 둘러싸고 벌어지는 이 모든 일은 우리 모두에게 경외감을 선사한다.

물론, 우리가 최상위의 긍정감정들을 오직 출산 과정에서만 경험하는 것은 아니다. 그리고 이러한 감정들이 오직 부모 자녀 사이에서만 나타나는 것도 아니다. 그러나 기본적으로 우리가 경험하는 최상위의 긍정감정들은 근본적으로 부모에게서 비롯되는 것이다.

여기서 특히 중요한 점은 포유류에게는 이러한 최상위의 긍정감정들이 '세상에서 가장 좋은 선물들'이 된다는 것이다. 무엇에 좋은 선물일까? 물론, '행복'에 좋다.

세상에는 재미와 안락함 등 다양한 긍정감정이 존재한다. 그러나 재미와 안락함과 같은 감정들은 삶에서 사랑과 믿음 같은 최상위의 긍정감정들만큼 중요한 역할을 하지는 않는다. 사랑과 믿음을 위해서 생명을 내놓는 사람은 있어도 재미와 안락함을 위해서 그렇게 하는 사람은 없기 때문이다.

이 책에서는 부모로서 자녀가 자신의 잠재력을 사랑할 수 있도록 돕는 방법을 소개하고자 한다. 그리고 이를 위해 부모와 자녀가 서로 선물을 아낌없이 주고받을 수 있는 길을 안내하려고 한다. 단, 이때 '아낌없이 주고받는다'는 것은 단순히 '기브 앤 테이크(give-and-take)'를 가리키는 말이 아니다. 보통 그러한 거래에는 최상위의 긍정감정들이 개입되지 않는데, 행복은 단순히 누군가와 무언가를 주고받는 거래를 한다고 해서 얻을 수 있는 것이 아니기 때문이다.

사실, 부모가 자녀에게 어떤 선물을 줄 수 있는지에 대해 말하는 것은 그다지 어렵지 않다. 그러나 부모가 자녀에게 어떤 선물을 받을 수 있는지에 대해 말하는 것은 상대적으로 더 어려워 보인다. 그렇다면, "부모가 자녀에게서 받을 수 있는 최고의 선물은 무엇일까?" 단, 이때 자녀에게 재능이나 장애가 있는지 그 여부는 중요하지 않다. 이러한 질문은 세상의 모든 부모와 자녀에게 똑같이 중요한 질문이기 때문이다.

인생의 많은 문제가 그러하듯이, 이 질문 역시 정답은 존재하지 않는다. 제아무리 심리학이 유용하다 해도, 사람들에게 '인생의 정답'을 알려주지는 못한다. 그러나 심리학의 좋은 점 중 하나는 적어도 인생의 다양한 문제에 대해 일종의 '나침반' 역할은 해줄 수 있다는 점이다.

하버드 대학의 성인발달 연구가 주는 선물

자녀와 좋은 관계를 맺는 데 관심을 갖고 있는 부모에게 나침반 역할을 해줄 수 있는 심리학 연구가 있다. 바로 세계 최장기 심리학 연구 프로젝트 중 하나인 하버드(Harvard) 대학의 성인발달연구다. 하버드 대학의 연구진은 1937년부터 총 268명의 실제 삶을 80년 이상 추적 조사하는 기념비적인 연구를 진행했다.[13]

후원자의 이름을 따 일명 '그랜트(Grant) 스터디'라고도 하는 이 연구에는 처음에 하버드 대학의 남자 졸업생들만 참여했다. 따라서 그랜트 스터디 책임자였던 조지 베일런트(George E. Vaillant) 교수는 이러한 표본의 한계를 극복하기 위해 나중에 두 가지 표본을 추가했다. 그 하나는 스탠퍼드(Stanford) 대학에서 진행된 영재 연구인 터면(Terman) 스터디에 참여했던 '여성 영재 표본'이었다. 나머지 하나

이만하면 괜찮은 부모

는 도시의 빈곤한 지역에서 자라난 남자 청소년 집단인 '도심 표본'
이었다.

하버드 대학의 성인발달연구가 갖는 대표적인 장점은 전향적인
(prospective) 방법을 사용한 연구라는 점이다. 전향적인 연구는 육아
일기나 지나간 행적들에 대한 역사 기록물 같은 것이다. 전향적인
연구에서는 연구 참여자가 아동기, 청소년기, 또는 성인 초기에 보
였던 모습이 80대에 어떻게 나타나는지를 추적 조사하는 형태로 자
료를 수집한다. 따라서 전향적인 연구에서는 연구 참여자가 노년기
에 과거를 회상하는 형태로 자료를 수집하는 후향적인(retrospective)
연구가 갖는 약점인 '기억의 왜곡 문제'를 방지할 수 있다. 또 전향
적인 연구는 연구자가 알아내고자 하는 변인들 사이의 선후관계를
명확하게 드러낸다. 예를 들면, 6세 때부터 연구 참여자들의 삶을
추적 조사한 전향적인 연구 자료는 아동기의 가정환경이 노년기의
적응 수준에 어떤 영향을 주는지를 분명하게 보여줄 수 있다.

하버드 대학의 성인발달연구는 '좋은 부모의 역할'과 관련해서
중요한 시사점을 제시한다. 그 내용을 요약하면 다음과 같다.[14]

첫째, 기본적으로 긍정적이든 부정적이든 간에 아동기의 가정환
경은 이후의 삶에 지속적인 영향을 준다는 점이다. 상대적으로 아
동기에 따뜻한 가정환경을 경험한 연구 참여자들이 나쁜 가정환경
을 경험한 연구 참여자들보다 성인기에 적응을 더 잘할 가능성이

약 4배 더 높은 것으로 나타났다. 또 상대적으로 아동기에 따뜻한 가정환경을 경험한 연구 참여자들이 나쁜 가정환경을 경험한 연구 참여자들보다 성인기에 심각한 우울증에 걸리는 것을 비롯해 정신과적인 문제를 나타낼 가능성이 약 3.5배 더 낮은 것으로 나타났다.

둘째, 아동기의 가정환경이 연구 참여자의 삶에 긍정적인 영향을 주었던 것은 가정환경의 좋은 특성이 빛을 발했기 때문이지, 문제 요인이 존재하지 않았기 때문은 아니라는 점이다. 일반적으로 좋지 않은 아동기 가정환경을 경험하는 경우, 친밀감을 형성하는 데 어려움을 보이고 알코올 또는 약물 오남용에 취약해지며 대인관계와 세상일에 만족하기보다는 걱정을 하며 지내다가, 결국 노년기에 이르러서는 외롭게 죽음을 맞이하는 것으로 나타났다. 그러나 여기서 중요한 점은 이러한 사회적인 부적응과 정신과적인 문제를 예방할 수 있는 아동기의 환경이 무엇인가 하는 점이다. 성인기의 적응에 중요한 역할을 하는 것은 부모 중 어느 하나와 차가운 관계를 맺지 않는 것이 아니라, 부모 중 적어도 어느 한쪽과는 따뜻한 관계를 맺는 것이었다. 생애 초기부터 부모 중 어느 쪽에게서도 사랑을 받지 못하는 경우 '결핍감'을 불러일으키며 정신적인 혼란을 야기할 수 있다.[15]

만약 자녀가 부모 모두와 좋은 관계를 맺는다면, 매우 좋은 일임에 틀림없다. 그러나 그것만으로는 부모 중 어느 한쪽과 좋은 관계를 맺는 것보다 언제나 더 좋은 결과를 낳는다고 장담할 수는 없다.

이만하면 괜찮은 부모

부모 중 어느 한쪽과 좋은 관계를 맺는 것도 성인기의 적응에 긍정적인 영향을 미칠 최소한의 조건을 갖춘 셈이기 때문이다. 최소한의 조건이 갖춰진 다음에는 관계의 질이 얼마나 좋은가 하는 점이 더 중요할 수 있다. 때로는 부모 중 어느 한쪽에게서 깊은 사랑을 받는 것이 부모 모두에게서 평균 수준의 사랑을 받는 것보다 성인기의 적응에 더 긍정적인 효과를 나타낼 수도 있다. 아마도 이것은 '한부모 가정'에 중요한 시사점을 제공할 것이다.

셋째, 아동이 자라서 성인이 되었을 때 어떤 삶을 살아가는가 하는 점은 우리가 성장 과정에서 경험하게 되는 사건들의 전체적인 영향력 때문이지, 매우 좋거나 매우 나쁜 일부 사건 때문에 성인기의 삶의 모습이 결정되는 것은 아니라는 것이다. 다시 말해서, 누군가가 행복한 삶 또는 불행한 삶을 살아가도록 만드는 단일한 사건은 존재하지 않는다는 것이다. 일회성 상처 경험이나 부모를 포함해서 가족 중 어느 한 사람과 관계가 안 좋은 것은 그 자체로는 영향력이 크지 않지만, 아동기에 지속적으로 정서적인 상처를 받거나 아동기 내내 외롭게 보낸다면 이후 삶이 황폐해질 수 있다.

넷째, 아버지와 어머니가 자녀의 삶에 영향을 미치는 영역이 서로 다르다는 점이다. 먼저, 아버지와의 관계는 직업적 능력에 별다른 영향을 주지 않았으나 어머니와의 관계는 중요한 영향을 미치는 것으로 나타났다. 특히 어머니와 따뜻한 관계를 맺는 것은 자녀가 나중에 70세가 넘어서도 직업 활동을 계속 유지할 수 있는지 여부와 밀접한 관계를 보였다. 또 어머니와 따뜻한 관계를 맺지 못했던 사람은 반대의 경우에 비해 치매에 걸릴 확률이 약 2.5배 더 높았다. 대조적으로, 아버지와 따뜻한 관계를 맺었던 사람은 그렇지 않은 사람에 비해 놀이와 여가 능력에서 우위를 나타냈다. 아버지와 따뜻한 관계를 맺었던 사람이 그렇지 않은 사람보다 성인기에 상대적으로 불안 수준이 낮고 휴가를 더 잘 즐기며 유머러스하고, 퇴직 후에도 삶의 만족도가 더 높았다. 어머니와의 관계는 이러한 영역들에 별다른 영향을 주지 않는 것으로 나타났다.

다섯째, 친밀하고 따뜻한 가정환경에서 자라는 것이 이후의 적응에 긍정적인 영향을 준다는 것이 꼭 '위기가 없는 평화로운 세상'에서 잘 생활하는 것만을 뜻하지는 않는다는 점이다. 아동기에 친밀하고 따뜻한 가정환경에서 생활하는 경험은 전쟁터에서도 잘 살아남고 승승장구하는 데도 중요한 영향을 미친다고 나타났다. 2차 세계대전 때 사병으로 참전했던 그랜트 스터디 참여자 중 일부는 장교로 제대한 반면 일부는 여전히 사병에 머문 상태로 제대했다. 사실상 그 두 집단은 지능, 신체조건, 부모의 사회경제적 수준 등에서는 차이가 없었다. 그 두 집단 간 차이를 가장 잘 설명해주는 변인은 바로 그들이 얼마나 친밀하고 따뜻한 가정환경에서 자라났는가 하는 점이었다. 놀랍게도 친밀하고 따뜻한 가정환경에서 자라난 연구 참여자 중 약 89퍼센트가 적어도 중위 이상의 계급을 달았고 약 15퍼센트는 소령으로 승진했다. 반면에 나쁜 가정환경에서 자라난 연구 참여자 중 57퍼센트가 중위가 되었지만 소령이 된 사람은 단 한 사람도 없었다. 아마도 이것은 요즘과 같은 COVID-19 팬데믹 상황이나 미래의 또 다른 위기 상황에서 자녀가 잘 적응할 수 있도록 돕기 위해 부모로서 어떤 역할을 해야 하는지와 관련해서 중요한 시사점을 줄 수 있을 것이다.

마지막으로, 성인기의 적응 수준을 잘 예측해주는 아동기 사건은 실패 경험이 아니라 성공 경험이라는 점이다. 비록 누군가가 아동기에 나쁜 가정환경에서 생활하더라도 그러한 경험이 이후 인생 전체를 결정지을 만큼 절대적인 영향을 주지는 않는다. 성공적인 삶을 위해서는 따뜻한 아동기 가정환경을 경험하는 것만큼이나 그 사람이 아동기에 실제로 무엇을 했는가 하는 점도 중요하다. 특히 중요한 점은 아동기 때 '잘되어가는 일들'이 '잘못되어가는 일들'보다 이후 적응에 더 중요한 영향을 준다는 점이다. 다시 말해서, 좋은 것에는 나쁜 것을 물리칠 힘이 있다는 것이다!

그렇다면, 인생에서 경험할 수 있는 수많은 나쁜 것을 물리칠 만한 좋은 것이란 무엇일까? 그랜트 스터디 책임자였던 조지 베일런트 교수가 제안한 것 중 하나는 바로 '8가지 최상위의 긍정감정'을 경험하는 것이다.[16] 앞서 소개한 것처럼, 기쁨, 희망, 사랑, 믿음, 연민, 감사, 용서 그리고 경외감이라는 감정들을 경험하는 것은, 우리가 살면서 경험할 수 있는 가장 좋은 경험에 해당한다. 그리고 이것들은 우리에게 인생에서 발생할 수 있는 수많은 나쁜 것들을 물리칠 힘을 줄 수 있다.

여행 안내서를 읽어본다고 해서 반드시 그 책자의 내용대로 여행하게 되는 것은 아니다. 그러나 여행 안내서를 읽고 여행을 하는 사람은 그렇지 않은 사람에 비해 상대적으로 후회할 가능성이 줄어들 것이다. 심리학책도 마찬가지다. 심리학책을 읽어본다고 해서 반드시 그 책의 내용대로 실천하게 되는 것은 아니다. 그러나 심리학책을 정독한 사람은 그렇지 않은 사람에 비해 상대적으로 후회할 가능성이 줄어들 것이다.

앞서 정답이 없는 문제를 꺼낸 이유도 바로 여기에 있다. 그 질문에 대해서 한번 곰곰이 생각해보는 것만으로도, 부모 자녀 관계가 좋아지는 데 도움이 되기 때문이다. 따라서 꼭 한번 시간을 내서 그 질문에 대한 생각을 정리해보기 바란다. 그 문제에 대한 우리 의견은 맺음말에서 소개하도록 하겠다. 다만, 부디 독자들이 이 책의 종착지에 도달하기 전에 여정을 포기하거나 중간을 건너뛰고서 오로지 결말만을 확인하지 않기를 바랄 뿐이다. 그 경우 부모로서 자녀에게서 '세상에서 가장 좋은 선물'을 받을 기회 역시 그만큼 줄어들 가능성이 크기 때문이다.

이만하면 괜찮은 부모

이만하면 괜찮은 부모

세계적인 뮤지션이자 영국 왕실에서 '경(Sir)'이라는 작위를 받은 엘튼 존(Elton H. John)은 한 인터뷰에서 자신의 대표곡 중 하나로 〈삶의 순환(Circle of Life)〉을 꼽았다.[17] 그는 이 곡이 인생을 바꿨다고 말했다. 이 곡은 디즈니 애니메이션 《라이온 킹》의 주제가로, 남아프리카의 '줄루어'로 시작되는 도입부만 듣고도 사람들이 쉽게 알아차릴 정도로 전 세계적인 인기를 끌었다.

'삶의 순환'이라는 곡에 담긴 메시지를 요약하면 다음과 같다. "삶에서는 볼 수 있는 것보다 볼거리가 더 많고, 할 수 있는 일보다 할 일이 더 많으며, 자신이 주는 것보다 결코 더 많이 받으려 해서는 안 된다."[18] 부모와 자녀가 아낌없이 주고받는다는 것이 무슨 뜻인지를 이해하려면 이러한 메시지를 공유하는 것이 필요하다. 부모와 자녀가 주고받는 과정은 교환이 동시에 이루어지지도 않을 뿐만 아니라, 서로 똑같은 가치를 갖는 것을 주고받는 '등가 교환'이 아니기 때문이다. 특히, 부모와 자녀가 아낌없이 주고받는 과정은 '자연의 섭리' 속에서 이루어질 수밖에 없다는 점을 깨닫는 것이 중요하다.

이러한 인생의 섭리를 설명하기 위해, 이 책에서는 '이만하면 괜찮은 부모(a good enough parent)'라는 개념에 대해 소개하고자 한다. 아동 심리학자 브루노 베텔하임(Bruno Bettelheim)은 《이만하면 괜찮은 부모》라는 책을 쓴 적이 있다.[19] 사실 베텔하임은 이 제목을 정신분석가 위니콧(D. W. Winnicott)의 '이만하면 괜찮은 엄마(the good enough mother)'라는 용어에서 빌려왔다.[20] 두 사람 모두 자녀의 행복을 위해 반드시 '완벽한 육아(perfect parenting)'가 필요하지는 않다고 주장했다. 비록 책의 구체적인 내용은 다를지라도, '이만하면 괜찮은 부모'라는 표현은 부모와 자녀가 서로 선물을 주고받는 과정을 소개하는 데 매우 유용해 보인다.

부모와 자녀가 서로 선물을 주고받는 과정은 처음에 부모가 자녀에게 선물을 주는 것에서 시작된다. 물론 자녀에게 선물을 주자마자, 부모가 자녀에게서 선물을 곧바로 되돌려 받는 것은 아니다. 그러나, 언젠가는 결국 부모도 자녀에게서 '의미 있는 선물'을 되돌려 받을 수 있다. 단, 이것이 실제로 이루어지기 위해서는 부모가 자녀

이만하면 괜찮은 부모

에게 단순히 선물을 건네는 것만으로는 충분하지 않다.

선물은 '잘 주고, 잘 받는 것'이 중요하다. 그렇기에 '이만하면 괜찮은 부모'가 되려면 자녀와 '특별한 관계'를 맺는 것이 중요하다. 이런 맥락에서 이 책에서는 부모가 자녀에게 '선물을 주는 방법'과 부모가 자녀에게서 '선물을 받는 방법'에 대해 소개하고자 한다.

부모와 자녀가 서로 선물을 주고받을 수 있는 이유 중 하나는 바로 특별한 '인연의 끈'으로 이어져 있기 때문이다. 정말이지 인생에는 놀라운 비밀들이 많은 것 같다. 자식이 배불리 먹는 모습을 곁에서 지켜보기만 해도 배가 부르다고 말하는 부모의 모습도 그중 하나다. 부모의 이러한 말은 식구 수에 비해 음식이 모자라기 때문에 그저 둘러대면서 하는 '뻔한 거짓말'이 아니다. 그 심리학적인 비결은 바로 부모가 자녀를 '마음으로 담아내는 것'에 있다.

실제로 어머니는 자녀를 배 속에 담았던 적이 있다. 어머니는 출산을 통해 육체적으로 자녀와 분리된 다음에도 자녀를 배 속에 담았을 때의 느낌을 온전하게 간직하는 것이 가능하다. 물론, 어머니라 해서 모두 다 되는 것도 아니고 어머니만 가능한 것도 아니다.

이처럼 자녀가 배불리 먹는 모습을 바라보기만 해도 부모가 배부른 느낌을 받는 것은 부모의 마음에서 실제로 일어나는 중요한 심리 현상 중 하나다. 심리학에서는 이를 바로 '심리적 동화(psychological assimilation)'라고 한다.[21] 심리적 동화는 우리가 사랑하

그림 1. 아이는 먹고 있지만 부모는 포크만 들고 있다

이만하면 괜찮은 부모

는 사람을 마음속으로 담아낸다는 뜻이다. 이러한 현상이 물리학적으로는 불가능할지라도, 심리학적으로는 얼마든지 가능하다. 심리적 동화는 하버드 대학의 성인발달연구에서 행복한 삶을 위한 비결 중 하나로 제시되었다.

사실, '이만하면 괜찮은 부모'의 모습을 한마디로 요약하기는 어렵다. 그래서 이 책에서는 '이만하면 괜찮은 부모'의 다양한 특징들을 소개하려 한다. 그리고 이런 맥락에서 서문에서는 '이만하면 괜찮은 부모'의 역할이 어떻게 시작되는지를 소개하고자 한다. 그리고 맺음말에서는 '이만하면 괜찮은 부모'의 역할이 어떻게 끝맺게 되는지를 이야기하려 한다.

'이만하면 괜찮은 부모'의 역할이 어떻게 시작되는지를 이해하는 데는 그림 2가 도움이 될 듯하다. 그 그림에는 아기가 내민 손을 부모가 안정감 있게 잡아주는 모습이 담겼다. 좋은 부모가 되고자 하는 마음을 간직하고 있기만 하다면 누구든지 해낼 수 있는 일이다. 그러나 이 단순해 보이는 일에서조차도 삶의 지혜는 필요하다. 아기가 내민 손을 잡아주는 데는 다양한 방법이 존재하고 그에 따라 아기에게 미치는 심리적인 효과 역시 제각각이기 때문이다.

여기에서 중요한 점은 엄마 배 속을 떠나 세상으로 나오는 길고도 험한 여정을 마친 아기에게는 다른 무엇보다도 '심리적인 안정감'이 중요하다는 점이다. 따라서 '이만하면 괜찮은 부모'의 출발점

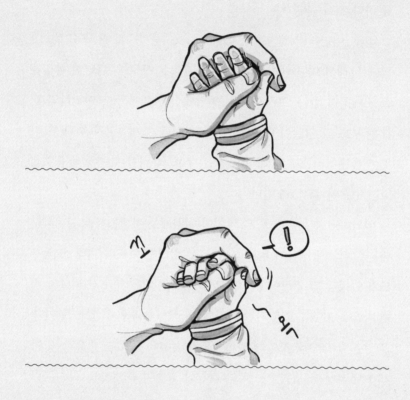

그림 2. 아기가 내민 손을 포근하게 감싸 안아주기

이만하면 괜찮은 부모

은 아기가 내민 손을 아기가 심리적인 안정감을 느낄 수 있게끔 잡아주는 것이 된다. 따뜻하고 사랑스럽게 말이다.

사실 아기가 내민 손을 잡아주는 데는 특별한 정답이 존재하지 않는다. 다만 장난삼아 아기를 불안하게 만들거나 아기 손을 거칠게 뿌리치는 것은 삼가해야 할 것이다.

태어난 지 얼마 안 된 아기가 손을 내밀 때 부모로서 해줄 수 있는 최선은 그 순간 아기가 가장 필요로 하는 것을 선물하는 것이다. 다시 말해, 부모가 아기를 위해 그 손을 포근하게 감싸 안아주는 것이다.

이때 부모로서 아기의 손을 감싸 안아준다는 것은 부모의 역할을 '상징적으로 표현한 것'이다. 따라서 부모의 눈 속에 들어온 자녀의 손은 아기 손일 수도 있고 어린이의 손일 수도 있다. 청소년의 손일 수도 있고 젊은이의 손일 수도 있으며 이미 어른이 되어버린 손일 수도 있다.

만약 부모로서 자녀에게 이처럼 귀한 선물을 줄 마음의 준비를 갖추었다면, 그것만으로도 '이만하면 괜찮은 부모'가 될 수 있는 자질은 충분하다. 그렇다면, 지금부터 '이만하면 괜찮은 부모'가 되기 위한 본격적인 여정을 시작해보도록 하겠다.

• 2장 •

부모가 자녀에게 주는
최초의 선물, 기쁨

그리스 시인 헤시오드(Hesiod)는 인생의 황금기(Golden Age)를 "슬픔과 고통에서 자유로운 안정기"[1]라고 했다. 그렇다면 삶에서 인생의 황금기는 언제일까?

흔히 사람들은 이러한 질문에 대해 '엄마 배 속에 있던 때'라고 대답한다. 아마도 엄마 배 속에서 태아는 꽤 안락하게 지낼 수 있을 것 같다. 그렇다면 출생 이후의 삶은 어떨까?

출생 직후 아기가 심리적으로 어떤 경험을 하게 되는지는 부모나 돌보는 이의 역할에 따라 좌우된다. 안타깝게도 어떤 아이들은 출생 후 마치 낙원에서 추방당한 듯한 '슬픔'을 겪기도 한다. 이러한 아이들에게 인생의 황금기는 태어나자마자 끝나버리는 것이 된다. 대조적으로 어떤 아이들은 출생 후, 엄마 배 속에서는 경험해보지 못한 새로운 '기쁨(joy)'을 선물받기도 한다. 이러한 아이들에게 인생의 황금기는 태어난 이후에 비로소 본격적으로 시작되는 것이 된다. 이 글에서는 먼저 출생을 전후로 해서 아이들이 얻는 것과 잃는 것에 대해 살펴본 뒤 부모가 자녀에게 주는 최초의 선물에 대해 소개하도록 하겠다.

출생을 통해 신생아가 무엇을 잃어버리는지는 비교적 분명해 보인다. 엄마 배 속에서 태아는 최적의 온도에서 생활할 뿐만 아니라 탯줄을 통해 신선한 산소와 각종 영양분을 공급받음으로써 안락한 생활을 보장받

이만하면 괜찮은 부모

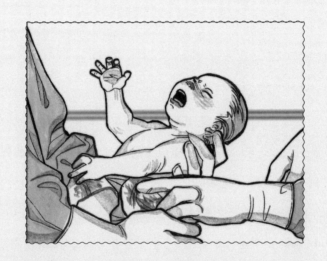

그림 3. 출생의 순간

는다. 그런데 출생 과정에서 신생아는 고통스러운 체험을 한다.

먼저, 출생과 더불어 신생아는 어머니 배 속이 주는 따뜻한 느낌을 박탈당한다. 신생아가 태어나자마자 처음 겪는 고통 중 하나는 바로 물리적인 추위다. 체온 조절 기능이 미숙한 신생아들은 자궁을 벗어나 세상 밖으로 나오는 순간부터 추위로 고통을 받는다. 특히 신생아들은 양수에 젖은 채로 세상에 나오기 때문에 체온저하를 경험한다.

또 신생아는 산모의 자동시스템이 탯줄을 통해서 해주던 모든 일을 직접 행해야 한다. 숨도 직접 들이쉬고 내쉬어야 할 뿐만 아니라, 영양분을 공급받기 위해서는 직접 엄마 젖을 빨아야 한다.

만약 '안락감'을 기준으로 할 경우, 출생 전후에 신생아가 얻는 것과 잃는 것을 대차대조표로 나타낸다면 득실 면에서 심각한 마이너스(-) 상태가 될 수밖에 없다. 신생아가 제아무리 노력하더라도 생물학적인 자동시스템의 효율성을 능가할 수는 없기 때문이다.

그러나 '행복'을 기준으로 할 경우, 출생 전후의 대차대조표는 득실 면에서 상당한 플러스(+) 상태가 될 수 있다. 그 이유를 이해하려면 먼저 행복과 안락감의 차이에 대해 살펴봐야 한다.

세상에 행복에 대한 정의는 무척 많다. 따라서 행복을 어떻게 정의 내리느냐에 따라 논의의 방향이 달라질 수밖에 없다. 행복을 탐구하는 대표적인 학문 중 하나인 긍정심리학에서는 행복이 쾌감이나 즐거움과는 다르다고 주장한다. 긍정심리학에서는 행복을 '관계 속에서의 주체적인 노력을 통해 경험하게 되는 특별한 긍정정서'로 정의한다.[2] 이런 점에서 행복을 경험하는 데 필요한 대표적인 조건은 바로 '관계'와 '주체적인 노력'이라고 할 수 있다.

긍정심리학적인 관점에서 본다면, 태아는 엄마 배 속에서 '안락감'을 경험하는 것이지 '행복'을 경험하는 것은 아니다. 엄마 배 속의 태아는 자신의 문제들을 주체적으로 해결하지 못하기 때문이다.

태아와 신생아의 중요한 차이 중 하나는 바로 주체적인 활동 여부다. 태아는 어머니와 탯줄을 통해 연결되어 있다. 신생아와는 달리, 태아는 독립적인 존재가 아니어서 주체적으로 행동하는 데는 한계가 있다. 주체성의 핵심 요소 중 하나가 바로 독립성이기 때문이다. 또 엄마 배 속이 주는 안락감이 제아무리 좋다 할지라도, 그러한 쾌감에는 한계가 존재한다. 태아는 주체적인 노력을 통해 의미 있는 결과를 성취할 때 느끼게 되는 행복을 경험하지 못하기 때문이다. 삶에서 불로소득은 행복으로 이어지지 않는다. 행복은 오직 주체적인 노력을 통해 의미 있는 성취를 달성할 때만 경험할 수 있는 긍정감정이기 때문이다.

생애 처음으로 맛보는 기쁨

아기가 생애 처음 맛보는 기쁨을 살펴보기 위해 먼저, 출생 과정에서 일어나는 일들을 떠올려보자. 사실 출생 과정 그 자체는 여러모로 고통스러운 사건임이 분명하다.[3] 출생 과정에서 아기는 몇 번의 거칠고도 모진 자궁수축이 일어난 뒤에 이전까지 누렸던 안락감을 잃어버릴 뿐만 아니라 신체적, 정신적으로 커다란 충격을 받는다.[4] 좁은 산도를 따라 바깥세상으로 나오는 과정에서 심한 타박상으로 인해 통증을 경험하기 때문이다.

그러나, 그 과정에서 신생아는 기쁨을 경험할 수 있는 소중한 기회를 얻기도 한다. 출생 과정이 주는 고통에도 불구하고 부모와의 협력을 통해서 '관계지향적 성취의 기쁨'을 경험할 수 있기 때문이다. 중국 선종(禪宗)의 대표적인 불교서적인 《벽암록(碧巖錄)》에는

이만하면 괜찮은 부모

'줄탁동기(啐啄同機)'라는 말이 나온다. 병아리가 알을 깨고 나오려면 새끼 닭과 어미 닭이 안팎에서 서로 쪼아야 한다는 뜻이다. 인간의 출생 과정도 마찬가지다. 순산을 위해서는 태아와 부모의 협력이 필수적이다. 여기서 중요한 점은 산모와 아기가 이 모든 과정을 성공적으로 해낼 수 있도록, 아빠 역시 '최선을 다해야 한다는 것'이다!

갓 태어난 아기들은 출생 과정에서 호된 시련을 겪은 징표를 보여준다. 예를 들면, 모세혈관이 일시 확장하면서 피부에 '천사의 키스' 또는 '황새에게 물린 자국'이라고 하는 붉은 반점이 남는다. 신생아는 흔히 이런 형태의 대가를 치르고서 자유의 몸이 되는 기쁨을 경험한다. 그러나 이러한 기쁨은 순식간에 새로운 공포로 대체된다. 엄마의 몸속에서 액체로 둘러싸인 상태에서 즐겼던 신체 접촉이 출생으로 인해 모두 사라져버리는 동시에 그전에는 경험할 수 없었던 새로운 자극이 한꺼번에 쏟아져 들어오기 때문이다. 이 순간 신생아에게 무엇이 필요할지는 분명하다.

바로 부모와 돌보는 이의 도움을 통해 태어난 후 처음 직면하는 심리적 위기를 슬기롭게 극복하는 것이다. 이를 위해 출생 직후 엄마와의 접촉 기회를 갖는 것이 중요하다. 우리는 신생아에게 이것이 필요하다는 사실을 잘 알고 있다. 그래서 아이가 태어나자마자, 신생아를 자연스럽게 엄마의 품으로 데려다준다. 비록 엄마의 몸

바깥으로 나온 다음에는 엄마 몸속에 있을 때에 비해 모든 것이 달라졌지만 그래도 신생아가 엄마와의 이러한 접촉을 통해 엄마와의 관계가 지속될 수 있다는 느낌을 갖는 것은 매우 중요하다.

흥미롭게도 탯줄의 길이 약 50cm는 신생아가 출생 시 공포를 극복하고 심리적인 안정감을 회복할 수 있도록, 엄마의 배 위에서 잠시 엄마와 편안하게 밀착되는 경험을 할 수 있을 만큼의 길이에 해당한다. 출생 직후 엄마와 이렇게 접촉하는 경우 신생아는 출생 과정에 동반되는 공포를 훨씬 적게 경험하는 동시에 엄마와 새로운 형태의 유대감을 발달시킬 기회를 얻을 수 있다.

출생 후 얼마 동안 아기의 의식은 잠시 깬 상태를 유지한다. 바로 이 시기가 아기와 엄마가 유대감을 즐기는 첫 경험을 할 수 있는 시간이다. 이 시간은 잠시만이라도 아기와 엄마만을 위한 시간으로 남겨둘 필요가 있다. 아기가 생애 처음으로 기쁨을 맛볼 수 있는 순간이기 때문이다. 이 시간을 통해 아기는 좁은 산도를 통해 나오는 동안 경험하게 되는 육체적인 외상 경험과 정신적인 충격을 극복할 힘을 얻는다. 그리고 이것이 바로 출생 후 '고진감래'의 기쁨을 처음으로 그리고 온전하게 맛보는 순간이 된다.

생애 초기부터 아기가 기쁨을 경험할 기회는 무척 다양하게 주어진다. 기본적으로 신생아가 경험하는 기쁨은 주로 '근원(rooting) 반사, 빨기(sucking) 반사 그리고 삼키기(swallowing) 반사'[5] 등 반사

이만하면 괜찮은 부모

(reflex)와 밀접한 관계가 있다. 반사는 외부 자극에 대해 신생아가 보이는 자동 반응을 뜻한다. 신생아가 보이는 다양한 반사행동은 출생 후 신생아가 직면한 많은 문제를 해결하는 데 중요한 역할을 한다.

근원 반사(또는 포유 반사)는 신생아가 자신의 뺨이나 입술에 무언가가 닿거나 엄마 젖 냄새가 나는 경우, 그 방향으로 반사적으로 고개를 돌리는 것을 의미한다. 그리고 빨기 반사는 신생아가 입안으로 무언가가 들어올 경우 자동적으로 빠는 행동을 보이는 것을 뜻한다. 또 삼키기 반사는 입의 뒤쪽에 엄마의 젖이 찰 경우, 자동으로 젖을 목구멍으로 넘기는 것이다. 신생아가 엄마 젖을 처음으로 빨게 되는 데는 이 세 가지 반사가 중요한 역할을 한다.

그러나 신생아가 엄마 젖을 빤다고 해서 만족할 만큼 영양분을 섭취하는 것이 보장되는 것은 아니다. 신생아가 모유를 충분히 섭취할 수 있기까지는 수많은 시행착오를 겪어야 한다. 그리고 그 과정에서 '부모와 아기의 협업'은 아기가 생애 초기에 기쁨을 맛보는 데 결정적인 역할을 한다.

태어날 때부터 젖 빠는 방법을 알고 있는 신생아는 존재하지 않는다. 젖 빠는 방법과 빨기 반사는 다르다. 자동적으로 나타나는 빨기 반사와는 다르게, 젖을 효과적으로 빨기 위해서는 '노하우 (know-how)'가 필요하다. 태어나던 해에 아기들은 젖을 빠는 행동

때문에 입술 주변에 '흡입받침대(sucking pad)'라는 물집이 생기기까지 한다.[6]

신생아가 얼굴이 새빨개질 때까지 무작정 젖을 빤다고 해서 원하는 젖을 충분히 얻을 수 있는 것은 아니다. 그보다는 시행착오 학습을 통해 엄마 젖을 잘 빠는 노하우를 익혀야 한다. 아기가 엄마 젖을 잘 빨려면 젖꼭지만 빠는 것이 아니라, 유륜(乳輪) 부분을 가능한 한 많이 입안에 넣고서 그 아래에 있는 유관을 자극해야 한다. 여기서 중요한 점은 젖 빨기의 노하우는 누가 말로 알려줘서 터득하게 되는 것이 아니라, 신생아가 스스로 노력해서 성취하는 것이라는 점이다.

물론, 신생아가 젖을 빠는 노하우를 터득하는 데는 엄마의 역할도 중요하다. 산모는 젖이 잘 나올 수 있도록 긴장을 풀고 신생아를 편안히 안아주어야 하며 신생아가 젖을 바른 자세로 효과적으로 물고 있는지 살펴야 한다. 만약 신생아가 유륜을 포함하지 않는 형태로 유두만을 물고 있다면, 근원 반사와 빨기 반사를 활용해 신생아가 입을 더 크게 벌리도록 한 후 유방을 더 깊숙하게 밀어 넣어주어야 한다. 따라서 신생아에게 효과적으로 젖을 먹이려면 엄마 역시 시행착오 학습이 필요하다.

젖 빨기 노하우와 마찬가지로, 젖 먹이기 노하우를 태어날 때부터 아는 부모는 존재하지 않는다. 보통 시행착오 학습에서는 혼자

이만하면 괜찮은 부모

배우는 것보다 함께 배울 때 훨씬 더 효과적이다. 따라서 젖 빨기와 젖 먹이기에서도 아기와 엄마 그리고 아빠가 각자 배우기보다는 동시에 함께 노력할 때 훨씬 학습효과가 높다.

신생아는 보통 출생 후 30분 이내부터 젖을 빨기 시작한다. 그리고 출생 후 일주일까지는 하루에 8회에서 12회 정도 젖을 먹는다. 특히 신생아는 한밤중에도 젖을 먹어야 한다. 신생아에게 젖을 먹이기 위해서 산모가 밤잠을 설쳐가면서까지 특별한 노력을 기울여야 한다는 뜻이다. '수마(睡魔)'라는 말처럼, 쏟아지는 졸음을 견뎌낸다는 것은 여간 어려운 일이 아니다. 더더욱 힘든 일은 그러한 어려움 속에서도 젖을 보채는 신생아를 짜증 내지 않고 사랑스러운 눈길로 바라봐주는 일이다.

그렇다면 아빠의 역할은 무엇일까? 엄마가 이 모든 과정을 스트레스를 받지 않으면서 성공적으로 해낼 수 있도록, '최선을 다하는 것'이다! 여기서 최선을 다한다는 말은 지금까지 설명한 엄마 역할을 제외한 나머지가 바로 아빠 담당이 된다는 뜻이다.

아기와 엄마 그리고 아빠가 이 모든 정성과 노력을 다함으로써, 아기가 모유를 흡족할 만큼 먹을 수 있을 때 비로소 신생아는 '기쁨'을 맛보게 된다. 신생아가 경험하는 이러한 기쁨은 어머니 배 속에서 경험하는 안락감 이상의 가치를 갖는다. 안락감과 쾌락은 별다른 노력 없이도 그리고 특별한 관계를 맺지 않더라도 경험할 수 있는 반면에, 기쁨은 소중한 관계 속에서 각별한 노력을 기울여야지만 비로소 경험할 수 있는 긍정 정서이기 때문이다.

결론적으로, 만약 행복을 기준으로 한다면 엄마 배 속에 있던 때는 인생의 황금기로 보기 어렵다. 인생의 황금기는 출생 후 신생아가 부모와의 협업을 통해 기쁨을 맛보는 순간 비로소 시작된다.

세상을 맛보는 기쁨

심리학적인 관점에서 본다면, 신생아가 엄마 젖을 빠는 것은 단순히 영양분을 공급받는 것 이상의 의미를 지닌다. 신생아가 젖을 빨때, 아기의 입과 엄마의 유방이 올바른 접촉을 유지하는 것은 중요하다. 이처럼 접촉이 효과적으로 이루어져야 기능적으로 임신 중탯줄이 해주던 역할을 대신할 수 있기 때문이다. 수유 과정에서의 접촉을 통해 태아 때 탯줄을 통해 공급받던 영양분이 신생아에게 공급된다. 또 초유에는 영양소 외에 신생아의 면역기능을 향상시키는 성분(LGG)도 많이 포함되어 있다.

한편, 탯줄의 중요한 기능 중 하나는 산모와 아기를 하나의 존재로 묶어주는 것이다. 그런데 출산 과정에서 산모와 아기는 분리될 수밖에 없다. 처음 태어났을 때, 신생아가 보이는 대표적인 활동은 우는 것이다. 그런데 모든 신생아가 태어나자마자 우는 것은 아니다.[7] 그러나 출생 후 몇 초 이내에 엄마와 재결합하지 않는 경우, 신생아는 모두 운다. 이러한 현상은 신생아가 출생 후 해결해야 하는 중요한 심리적 과제 중 하나가 무엇인지를 잘 보여준다. 바로 엄마와 분리되는 과정에서 경험하게 되는 심리적인 문제를 해결하는 것이다.

신체적으로 엄마와 분리되는 문제를 해결하는 데도 신생아의 반사행동은 중요한 역할을 한다. 특히 그 과정에서 '모로 반사(Moro Reflex)'는 핵심적인 역할을 한다. 모로 반사는 외부 환경에 변화가 생기거나 머리와 몸 위치가 바뀔 때 신생아가 깜짝 놀라 양팔을 벌리고서 마치 포옹하듯 끌어안는 행동을 보이는 것을 말한다.[8] 이처럼 모로 반사는 신생아가 엄마와의 재결합상태를 필사적으로 유지하려 노력하는 것과 깊은 관계가 있다.[9]

출생과 더불어 신생아는 두 가지 추위를 경험한다. 첫째, '물리적인 추위'다. 신생아는 출생 직후 어머니 배 속에서 경험하던 따뜻한 느낌을 박탈당한다. 특히 신생아는 체온 조절 기능이 미숙하기 때문에 세상 밖으로 나오는 순간부터 물리적인 추위로 고통받는다. 둘째, '심리적인 추위'다. 태어난 다음부터 신생아는 더는 엄마와 한 몸인 듯한 일체감을 경험하지 못하게 된다.

기본적으로 인간의 삶에서 물리적인 추위와 심리적인 추위는 서

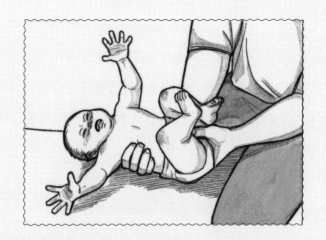

그림 4. 모로 반사(Moro Reflex)

로 영향을 주고받는다. 때로는 물리적인 추위가 심리적인 추위로 전환되기도 하고 그 반대도 가능하다.[10] 예를 들면, 동일한 시점에 같은 장소에 있는 경우에도 사회적인 고립이나 배척 경험이 있는 사람은 그렇지 않은 사람에 비해 외부 기온이 상대적으로 더 낮다고 지각한다. 또 사회적인 고립이나 배척 경험이 있는 사람은 그렇지 않은 사람에 비해 따뜻한 음식이나 음료를 상대적으로 더 선호하게 된다.

부모가 신생아에게 선물해줄 수 있는 기쁨은 모유 수유 외에도 다양하다. 모유 수유 과정에서 이루어지는 접촉을 통해 신생아는 자신에게 필수인 영양분을 섭취하는 동시에 '관계의 기쁨'도 경험하게 된다.

기본적으로 신생아가 접촉을 통해 관계의 기쁨을 맛보는 것은 중요하다. 물론, 신생아가 접촉을 꼭 입으로만 하는 것은 아니다. 이러한 신체적인 접촉에는 태아가 엄마 배 속에서는 경험할 수 없었던 스킨십, 포옹, 뽀뽀, 목욕, 로션 바르기, 마사지 등이 포함된다. 이러한 신체적인 접촉의 효과는 매우 놀랍다.

한 연구에서는 조산아들을 대상으로 평균 일주일 동안 3회에 걸쳐서 하루에 15분씩 마사지 치료를 진행했다.[11] 그 결과, 마사지를 받은 조산아들의 체중은 그렇지 않은 조산아들에 비해 무려 31~47 퍼센트나 증가한 것으로 나타났다. 흔히 신생아의 피부를 '제2의 뇌'라고 하기도 한다.[12] 생애 초기에 아기와 부모가 주고받는 다양한 신체적인 접촉이 두뇌 발달과 직접 연결되기 때문이다.

쥐를 대상으로 한 연구에 따르면, 태어나자마자 어미 쥐와 분리해 새끼 쥐를 사회적으로 고립시킨 채 키울 경우, 시상하부 실방핵(hypothalamic paraventricular nucleus) 등에서 기능이상이 나타난다.[13] 그리고 이러한 쥐들은 생물학적인 스트레스 대응체계에 이상이 생겨 스트레스에 취약한 모습을 보인다.[14]

생애 초기의 접촉 경험이 중요한 것은 인간도 마찬가지다. 한 고전적인 연구에서는 생애 초기부터 약 3년간 아동 육아시설에서 생활하다가 양부모 가정으로 입양된 아이들과 생애 초기부터 양부모와 함께 생활한 아이들의 인지기능과 사회적 적응 능력을 비교했다.[15] 이 두 집단의 중요한 차이는 생애 초기에 주보호자와의 정서적 접촉과 유대 경험이 있었는지 여부였다. 두 집단을 비교한 결과, 생애 초기에 주보호자와의 정서적 접촉과 유대 경험이 있었던 아이들이 그렇지 않은 아이들보다 인지기능과 사회적 적응 능력이 더 뛰어났다. 두 집단 간 이러한 차이는 청소년기에도 유지되는 것으로 나타났다.

심리학적인 관점에서 보면, 출생 후 만 3~4개월까지의 시기는 아기가 '세상을 맛보는 기쁨'을 경험하는 시기다. 이때 부모의 역할은 아기와의 협업을 통해 아기가 그러한 기쁨을 맛볼 기회를 제공하는 것이다.

《버킷리스트(The Bucket List)》라는 영화에는 멋진 이집트 신화가 등장한다.[16] 그 이야기에 따르면, 사람이 죽어서 천국의 입구에 도착했을 때 신은 그 사람이 천국에 거주할 만한 자격이 있는지 여부를 확인하기 위해 두 가지 질문을 한다고 한다. 첫 번째 질문은 "인생에서 기쁨을 찾았는가?"이다. 그리고 두 번째 질문은 "다른 사람들에게 기쁨을 주었는가?"이다. 그렇다면 우리는 인생의 기쁨을 언제 그리고 어떻게 찾으며, 동시에 그러한 기쁨을 다른 사람에게 언제 그리고 어떻게 전할 수 있을까?

이러한 물음에 답하기 위해서는 먼저, '기쁨(joy)'이라는 독특한 감정에 대해 살펴볼 필요가 있다. 삶에서는 쾌감이나 만족감보다는 기쁨이 심리적으로 더 성숙한 감정이다. 쾌감이나 만족감은 고통을 배척하는 반면, 기쁨은 고통까지도 기꺼이 수용하기 때문이다. 미성숙한 사람들의 대표적인 특징 중 하나는 바로 자신의 아픔을 끌어안을 줄 모르는 동시에 타인의 고통도 외면하는 것이다.

행복의 본질은 '아픔을 극복하는 과정에서 경험하게 되는 기쁨'에 있다. 바로 그렇기에 행복에서 중요한 것은 '쾌락의 강도'나 '만족감의 빈도'가 아니라 '기쁨을 경험하는 깊이'다.[17]

아기가 태어난 후 약 3~4개월까지의 경험을 '낙원에서 추방당한 형벌'이 아니라, '진정한 파라다이스를 찾아 떠나온 여행'으로 받아

이만하면 괜찮은 부모

들일 수 있도록 하려면, 도대체 부모는 어떻게 해야 할까? 대답은 간단하다. 부모가 아기의 '지니(Genie)'가 되는 것이다.

여기서 지니는 애니메이션 《알라딘(Aladdin)》에 나오는 램프의 요정이다.[18] 지니는 마법의 램프를 소유한 사람이 소원을 말하면 무엇이든 이루어줄 능력을 지니고 있다. 다행스럽게도 아기는 그다지 소원이 많지는 않은 듯하다. 대부분 아기는 부모가 사랑하는 마음으로 노력하기만 한다면 얼마든지 실천할 수 있는 소원들을 지니고 태어난다.

보통 아기들은 '지니'인 부모가 자신을 위해 안아주고 먹이며 재워주기를 바란다. 어쩌다 조금 욕심을 부린다 할지라도, 아기는 지니가 자신이 울지 않도록 해주는 동시에 웃을 수 있도록 해주기를 바라는 정도일 것이다.

신생아는 본능적으로 웃는 표정을 나타낼 수 있다. 보통 아기는 처음에 반사적으로 웃는 표정을 짓다가 생후 한 달 정도가 지나면서부터는 진정한 미소를 나타낸다.[19] 예를 들면, 태어난 지 한 달 정도 된 아기들은 다른 사람들보다는 엄마 목소리를 들었을 때 더 일관되게 미소를 보인다.

생후 약 3~4개월 정도가 지나면 모로 반사 등과 같은 대부분의 영유아기 반사 작용은 사라진다. 이것은 대부분의 아기는 이 시기가 되면, 과거에 반사행동을 통해 해결하던 일들을 이제는 어느 정도 주체적으로 해결하게 된다는 것을 뜻한다. 만약 이 시기에 '지니' 역할을 하는 부모의 모습에 아기가 환한 '미소'로 반응한다면, 그러한 아기는 삶에서 '세상을 맛보는 기쁨'을 경험하는 셈이 된다.

물론 그와 동시에 부모 역시 아기에게 그러한 기쁨을 선물한 것이 된다. 그리고 이것이 바로 '이만하면 괜찮은 부모'의 출발점이기도 하다. 영아사망률이 높던 20세기 초까지만 하더라도 '백일(百日)'은 생존 그 자체를 축하하는 날이었다. 그러나 지금은 더는 영아사망률이 높지 않다. 이런 점을 고려한다면, 심리학적으로 백일의 현대적 의미는 '아기가 세상을 맛보는 기쁨을 경험한 것을 부모와 함께 축하하는 날'이라고 하겠다.

3장

부모가 자녀에게 줄 수 있는 위대한 선물, 희망

세 상에 막 나온 신생아에게 가장 중요한 인생 과제 중 하나는 바로 '희망(hope)'을 배우는 것이다. 희망이야말로 "삶의 가장 위대한 힘인 동시에 죽음을 물리칠 수 있는 유일한 무기"이기 때문이다.[1] 이런 점에서 심리학의 거장 에릭 에릭슨(Erik Erikson)은 희망이 심리 사회적 발달의 기초라고 믿었다. 그에 따르면, 희망은 유아가 생애 초기의 무기력감 속에서도 자신의 바람이 이루어질 수 있다는 기대감을 간직하는 것이다. 그렇다면 그러한 희망은 어디에서 오는 것일까?

희망은 생애 초기에 부모에게서 보살핌을 받은 경험을 온전하게 기억하는 것에서 시작된다.[2] 희망의 본질은 과거의 기쁨을 기억하는 것이다! 과거의 기쁨을 간직하는 능력인 희망을 통해 아기는 현재 경험하거나 미래에 경험하게 될 고통을 스스로 견뎌낼 수 있는 아픔으로 바꿀 줄 알게 된다. 따라서 고통을 감싸 안을 줄 모르는 사람은 희망도 경험하지 못하며[3] 미래가 과거나 현재보다 더 나아질 수 있다는 기대감도 간직하지 못하게 된다.

신경심리학자 커트 리히터(Curt Richter)는 희망에 관한 고전적인 실험을 진행한 적이 있다.[4] 수영에 능한 야생 쥐를 탈출이 불가능한 물통에 넣으면, 처음에는 발버둥 치지만 탈출이 불가능하다는 사실을 알게 된 다음에는 모두 몇 분 이내에 익사한다. 수영할 줄 몰라서 익사하는 것이 아니라 스스로 포기해버리기 때문에 죽는 것이다. 반면 똑같은 물통에서 수영을 하다가 지쳐갈 때쯤 구조받은 적이 있는 쥐들은 그 후에 다시 물통에 들어가게 되었을 때 며칠씩이나 계속해서 수영을 한다. 바로 희망과 절망이 빚어내는 차이다.

인간의 다른 감정과 마찬가지로, 미래를 그려낼 수 있는 마음의 능력을 뜻하는 희망도 진화의 산물이다.[5] 진화과정에서 인간에게는 두 가지 유형의 뇌가 출현했다. 하나는 호모 사피엔스(Homo sapiens)의 뇌이다. 호모 사피엔스는 '지혜로운 사람'이라는 뜻이다. 따라서 우리는 호모 사피엔스의 뇌로 합리적인 사고를 할 수 있다. 그러나 아기는 결코 합리적인 사고와 증거를 바탕으로 희망을 배우는 것이 아니다. 또 다른 뇌는 포유류의 정서적인 뇌이다. 이를 통해 우리는 가슴속에 희망과 미래에 대한 기대를 간직할 수 있다.

뇌의 이러한 이중 구조는 인간을 다른 영장류와 구분하는 중요한 특징 중 하나다. 오직 두 개의 뇌가 통합적으로 기능할 때만 우리는 린다 론스태드의 자장가 속 메시지를 믿을 수 있다. 다시 말해, "가장 어두운 시간은 바로 동트기 직전인 법이란다"라는 엄마의 말을 마음속에 간직할 수 있게 된다. 여기서 중요한 점은 희망이 생각하는 것이 아니라 가슴으로 느끼는 것이라는 점이다. 다시 말해서 아기는 부모가 전하고자 하는 희망의 메시지를 머리로 이해하는 것이 아니라, 포유류의 정서적인 뇌를 통해 느낀다는 것이다.

1923년 오스트리아의 소설가 펠릭스 잘텐(Felix Salten)은《밤비, 숲속의 삶》을 발표했다. 이 작품에 감명을 받은 월트 디즈니(Walt Disney)는 1942년에 이 작품을 애니메이션으로 제작해 발표한다. 애니메이션《밤비(Bambi)》에는 아기 사슴 밤비에게 엄마가 희망을 전하는 장면이 나온다.[6] 밤비가 사는 숲에 혹독한 겨울이 찾아왔을 때였다. 겨울이 깊어짐에 따라 숲속에서 점점 더 많은 것들이 헐벗고 많은 동물이 굶주리게 된다. 그때 오랜 배고픔으로 고통받던 밤비가 엄마에게 묻는다. "정말 겨울은 긴 것 같아요, 그렇지 않나요?" 그러자 엄마는 "길어 보이지만, 그래도 영원히 계속되는 것은 아니란다"라고 알려준다. 그리고 시간이 조금 더 흐르자 마침내 기다리던 봄이 찾아온다.

디즈니 애니메이션이 보여주듯, 아기는 '아픔을 극복하는 과정에서 경험하게 되는 기쁨'을 기억함으로써 희망을 느낄 수 있게 된다. 부모로서 아기에게 희망을 선물하려면 희망과 희망이 아닌 것을 구분할 줄 아는 지혜가 필요하다.

희망(hope)은 소원(wish)과는 다르다.[7] 소원은 삶에서 이루어지기를 간절히 바라는 것을 뜻한다. 소원은 사람들이 밤하늘 별을 보면서 원하는 것을 떠올리는 경우와 비슷하다. 소원은 단순히 자신이 기대하는 것을 머릿속으로 떠올리는 것에 가깝다. 따라서 소원을 빌 때는 심리적인 에너지가 많이 들어가지 않는다. 그 결과, 소원을 비는 것은 삶에 그다지 중요한 영향을 주지 않는다. 그만큼 공을 들이는 것이 아니기 때문이다.

이만하면 괜찮은 부모

대조적으로 희망을 간직하려면 심리적으로 노력과 에너지가 많이 필요하다. 희망을 간직하려면 과거의 아픔을 극복할 때의 기쁨을 생생하게 떠올릴 수 있어야만 하기 때문이다. 아기 사슴 밤비가 혹독한 겨울에 오랜 굶주림의 고통을 견뎌내면서 봄을 기다리는 장면을 떠올려보라!

사람들이 흔히 오해하는 것과는 달리, 소원은 행복과는 별로 관계가 없다. 단순히 소원을 이루지 못했다고 해서 반드시 불행해지는 것은 아니다. 원래 삶에서 소원은 이루어지는 것보다는 이루어지지 않는 것이 훨씬 더 많기 때문이다.

희망은 환상과도 다르다. 환상은 존재하지 않거나 존재할 수 없는 것을 떠올리는 것이다. 흑사병이 창궐한 중세 유럽 사회에서는 행운의 부적이 유행했다.[8] 그러나 이러한 환상은 흑사병을 물리치는 데 전혀 도움이 되지 않았다.

환상과는 다르게 희망은 실현될 수 있는 것이다. 어둔 밤에 떠올리는 새벽이나 추운 겨울에 상상하는 봄은 실제로 이루어질 수 있다. 희망은 단순히 긍정적으로 생각하는 것 이상의 것이다. 희망은 가능성을 현실로 만들어가는 동기 시스템을 제공하기 때문이다. 따라서 희망을 배우지 못한 아이에게는 미래도 없고 행복도 존재하지 않는다.

부모의 마지막 희망

《마지막 강의》라는 제목의 세계적인 베스트셀러이자 유튜브 영상이 있다. 2006년에 췌장암 진단을 받았던 랜디 포시(Randy Pausch) 교수의 유작이다.[9] 췌장암은 치사율이 가장 높은 질환 중 하나다. 환자의 절반 정도가 6개월 안에 사망하고 96퍼센트는 5년 안에 사망한다. 랜디 포시는 진단 후 곧바로 수술을 받았지만 2007년에 암이 간으로 전이되어 결국 6개월의 시한부 인생 판정을 받았다.

그 와중에 카네기멜론(Carnegie Mellon) 대학에서는 그에게 '마지막 강의'를 부탁한다. 그 후 랜디 포시 부부는 강의를 해야 할지 말지를 두고서 격렬하게 다툰다. 아내 재이(Jai)는 마지막 강의를 진행하는 데 강하게 반대했다. 가족을 위해 남겨두어야 할 시간을 다른 데 써서는 안 된다는 것이었다. 반면 랜디 포시의 입장은 "부상 당한 사자도 으르렁대고 싶다"라는 것이었다.[10] 그에게 마지막 강의는 세상 사람들이 자신을 어떤 사람으로 기억하게 될지를 결정하는 소중한 순간인 동시에 인생에서 좋은 일을 할 마지막 기회였다.

두 사람은 조금도 입장 차이를 좁히지 못해서 결국 미셸 리스 (Michele Reiss) 박사라는 심리치료사를 방문해 부부 상담을 받기까지 했다. 그러나 미셸 리스 박사는 부부에게 남겨진 마지막 시간을 함께 어떻게 보낼지에 대한 결정은 오직 두 사람만이 결정할 수 있는 문제라고 조언했다. 결국 승리는 환자의 몫이었다.

랜디 포시는 고심 끝에 강의 제목을 '어릴 적 꿈을 진짜로 이루기'라고 정했다. 2007년 9월에 카네기멜론 대학에서는 한 편의 드라마 같은 '마지막 강의'가 진행되었다. 랜디 포시는 400명이 넘는 청중에게 만약 무언가를 절실히 원한다면 절대 포기하지 말라는 진부한 교훈을 탁월한 유머 감각을 동원해 설득력 있게 전달했다.

그에 따르면 "경험이란 당신이 원하는 것을 얻지 못했을 때 얻게 된다. 그리고 경험은 때때로 당신이 지닌 것 중 가장 가치 있는 것일 수 있다."[11] 그는 일을 추진하다가 장벽에 부딪힐 때마다, 다음 말을 되새겨보라고 조언했다. "장벽이 거기 서 있는 것은 이유가 있다. 다만, 그것은 우리를 가로막기 위해서 있는 것이 아니다. 그보다는 우리가 무언가를 얼마나 간절히 원하는지 보여줄 기회를 주고자 거기에 서 있는 것이다."[12]

그림 5. 삶에서 장벽이 갖는 의미

이만하면 괜찮은 부모

랜디 포시는 마지막 강의답게 '특별한 엔딩'을 준비했다. 그는 강의 마지막 부분에 가서 다음과 같이 말했다. "자, 오늘 강의는 어린 시절 꿈을 이루는 방법에 관한 것이었습니다. 그런데, 혹시 헤드 페이크(head fake)를 눈치채셨습니까?"[13] 헤드 페이크는 운동선수가 상대방을 속이기 위해 실제 몸동작과는 다른 방향으로 머리를 움직이는 것을 말한다.

그는 첫 번째 헤드 페이크로, 사실은 강의 주제가 꿈을 어떻게 달성하느냐에 관한 것이 아니라 인생을 어떻게 올바르게 이끌어갈 것인가에 관한 것이었다는 점을 제시했다. 인생을 올바르게 살아가기만 한다면, 꿈을 이루려 억지로 애쓰지 않아도 자연스럽게 꿈이 우리를 찾아가게 된다는 것이다.

이어서 그는 청중들에게 "두 번째 헤드 페이크를 알아차렸습니까"[14]라고 질문했다. 그 후 잠시 심호흡을 하고 나서 그는 실은 그 강의가 그곳에 모인 청중을 위한 것이 아니라고 고백했다. 그러면서 "오늘 이 마지막 강의는 내 아이들을 위해 남기는 것입니다"라고 말하며 강의를 끝맺었다.[15]

사실, 시한부 인생 판정을 받은 후 랜디 포시가 갖게 된 고민 중 하나는 수십 년을 함께 살면서 전해도 시간이 부족할 수많은 인생의 지혜를, 말도 잘 통하지 않는 어린 자녀들에게 어떻게 전달하는가 하는 문제였다. 그 어떤 것도 자녀 곁을 지켜주는 부모를 대신할 수 있는 것은 없을 것이다! 그러나 어차피 인생에서 완벽한 해결책을 찾는 것은 불가능하다. 바로 그렇기에 희망이 존재한다. 희망은 인생과 완벽함의 간극을 메울 수 있다. 다시 말해, 희망은 완벽하지 않은 인생을 원만한 것으로 바꿔주는 심리적 무기인 것이다.

랜디 포시의 《마지막 강의》는 부모가 꼭 살아 있어야만 자녀에게 희망을 전할 수 있는 것은 아니라는 점을 잘 보여준다. 슬픈 일이지만 부모가 삶에서 마지막으로 희망할 수 있는 것이기도 하다. 부모의 가장 간절하고도 절박한 바람 중 하나는 자녀보다 세상을 먼저 떠나가는 것이기 때문이다. 결국 랜디 포시는 2008년 7월 25일, 48세의 나이로 세상을 떠났다.

그는 책의 서두에 "나의 자녀들이 꾸게 될 꿈에 희망을 품으며"라고 적었다.[16] 아마도 부모의 마지막 희망은 이런 것일 것이다. 그렇다면 랜디 포시의 희망은 어디에서 왔을까? 랜디 포시는 《마지막 강의》에 그 답을 분명하게 남겨두었다.

우선 랜디 포시의 누나에 따르면, 온라인으로 마지막 강의를 보았을 때 분명 화면상으로는 동생의 목소리가 흘러나왔지만 자신이 느끼기에는 아버지의 목소리가 들리는 듯했다고 한다. 강의 내용 중 일부가 아버지의 이야기를 재활용한 것이기 때문이다. 이에 대해 랜디 포시 역시 전적으로 동의한다고 밝혔다. 스스로도 마지막 강의를 진행하면서 마치 아버지가 강단에 서 있는 듯한 기분이 들

이만하면 괜찮은 부모

었기 때문이다.

랜디 포시에 따르면, 그의 아버지는 '맹렬한 낙관론자'였다. 그의 아버지는 세상에 대해 커다란 희망을 가지고 있었으며, 때때로 그러한 기대가 비참하게 부서졌을 때도 희망을 온전하게 간직할 수 있었고 그러한 희망을 자녀들에게 유산으로 남길 수 있었다. 그는 《마지막 강의》에서 "내가 말하려는 것이 무엇이든 어차피 아버지에게서 받은 가르침일 것이다"라고 적었다.[17] 물론 랜디 포시의 《마지막 강의》가 탄생하게 된 것이 전적으로 아버지 덕분인 것만은 아니다. 당연히 어머니의 역할도 중요했다. 랜디 포시는 결혼 전에 재이를 보자마자 첫눈에 반했지만, 결혼 생활에 상처 경험이 있었던 재이는 좀처럼 그의 구애에 마음의 문을 열지 않았다. 재이는 랜디 포시의 면전에서 두 사람은 잘될 수 없는 사이이며 자신은 그를 사랑하지 않는다고 단호하게 말했다. 낙관성의 화신 같았던 랜디 포시조차도 재이의 완강함을 당해낼 수 없을 듯 보였다.

이처럼 《마지막 강의》 스토리가 결코 탄생할 수 없었을 것만 같았던 위기의 순간에 그의 어머니는 그가 희망의 불씨를 이어갈 수 있도록 귀중한 조언을 해주었다. "지지해줘라. 사랑한다면, 그 애를 지원해줘."[18] 그래서 랜디 포시는 성급하게 덤비기보다는 인내심을 갖고서 그저 재이를 돕고자 노력했다. 마침내 희망이 승리했고 《마지막 강의》도 탄생할 수 있었다.

세상에서 가장 행복한 아이

태어나는 과정에서 탯줄이 목에 감겨 뇌에 산소가 공급되지 않았기 때문에 뇌성마비로 태어난 릭 호이트(Rick Hoyt)라는 아이가 있었다.[19] 출생 직후 진행된 검사 결과, 릭은 평생 팔다리를 움직일 수 없는 수준으로 뇌손상을 입은 것으로 나타났다. 릭의 아버지 딕 호이트(Dick Hoyt)는 처음에 이 사실을 믿지 않았다. 더 정확하게 말하자면, 믿고 싶어 하지 않았다.

보통 생후 3개월이 지난 아기들은 자연스럽게 장난감을 손에 들고 흔들거나 필요한 것이 있는 경우에는 울음 등으로 의사표시를 한다. 그러나 릭은 이중 그 어떤 행동도 나타내지 않았다. 아버지 딕이 보기에 사실상 릭은 할 수 있는 것이 거의 없는 듯했다.

생후 8개월이 되었을 때 의사는 릭이 혼자서는 대소변을 가리기

이만하면 괜찮은 부모

도 힘들 뿐만 아니라 걸을 수도 앉을 수도 없고, 말조차 할 수 없으리라고 평가했다. 그 후 의사는 릭의 부모에게 아기를 집에서 키우는 것을 포기하라고 조언했다.[20] 의사에 따르면, 이러한 상황에서는 아이를 시설에 보내고 잊으려고 노력하는 것이 최선이었다. 그 후 의사는 유사한 상황에 처한 대부분 부모는 모두 그렇게들 한다는 설명을 덧붙였다.

과연 이러한 상황에서 릭이 장차 행복하게 살아가는 것이 가능할까? 만약 가능하다면, 릭의 행복을 위해 부모는 무엇을 어떤 일을 할 수 있을까?

릭은 8살이 되었을 때까지도 의사소통을 거의 할 수 없었다. 릭의 어머니 주디(Judy)는 릭이 글자를 이해할 수 있도록 표면이 거친 사포로 알파벳을 만들어 릭이 눈으로 보면서 동시에 만질 수 있게 해주었다. 다행히 이 방법은 효과가 있었고 릭은 점차 어휘를 이해하게 되었다.

당시만 하더라도 장애가 있는 아동이 공립학교에 입학하는 것은 어려웠다. 주디는 뇌성마비 자녀를 둔 부모들과 힘을 합쳐 협회를 구성하는 동시에 시민단체 등과 힘을 합해, 장애가 있는 아동도 격리되지 않고 무상으로 공교육을 받을 수 있도록 하는 법안이 통과되도록 노력했다. 그 결과 마침내 학업 능력을 인정받는 경우 뇌성마비 아동도 공교육을 받을 길이 열렸다. 그 사이 릭에게 터프츠

(Tufts) 대학교의 연구진이 모니터가 달린 소형 컴퓨터를 선물했다. 그들은 연구용으로 개발했던 간단한 의사소통 장치를 릭에게 주었을 뿐만 아니라, 그것보다 성능이 개선된 신제품을 제작하는 데 필요한 경비 5,000달러를 모금하는 데도 큰 도움을 주었다. 딕과 릭은 이 의사소통 장치를 '희망의 기계'라고 했다. 비록 1분에 2~3개 정도의 단어밖에 생성해내지 못했지만, 이 의사소통 장치는 릭의 삶에 새로운 희망을 선사했기 때문이다. 이 기계는 릭에게 학습 능력이 있다는 사실을 입증했을 뿐만 아니라, 공립학교에 입학해 공부할 수 있는 자격도 인정받도록 해주었다.

1977년 봄, 릭은 학교 선생님과 함께 방문했던 체육관에서 우연히 달리기 대회 포스터를 발견했다. 그 대회는 사고로 목 아랫부분의 신체 전체가 마비된 운동선수를 돕기 위해 개최하는 자선 행사였다. 그날 밤 릭은 아버지에게 그 달리기 대회에 참가하고 싶다고 말했다. 37살의 평범한 아저씨였던 아버지 딕은 그전까지 달리기 연습조차 해본 적이 없었지만, 릭을 위해 휠체어를 개조한 후 함께 달리기로 결심했다. 딕이 그렇게 결심하게 된 이유는 릭이 새로운 변화를 원하고 있다고 느꼈기 때문이었다. 릭은 자신과 유사한 처지의 운동선수를 진정으로 돕고 싶어 했다.

대회가 열리던 날 아버지 딕은 아들 릭을 휠체어에 태운 채로 달려서 약 8km를 완주했다. 놀라운 점은 그들이 꼴찌가 아니었다는

이만하면 괜찮은 부모

점이다. 달리기 대회 후 딕은 사흘 동안 피가 섞인 소변을 보았고 몇 주 동안 제대로 걷기도 힘들어 했다. 그러나 달리기 대회를 마친 후 릭은 아버지에게 이렇게 말했다. "아빠, 달릴 때면, 제 몸에서 장애가 사라지는 것 같은 기분이 들어요."[21] 의사소통 기계의 스크린을 통해 이 말을 본 딕은 릭을 끌어안으며 앞으로도 계속 함께 달리겠다고 말했다.

물론, 릭이 아버지와 함께 달리는 순간 몸에서 장애가 사라지는 듯한 느낌을 받았다고 해서 실제로 몸에서 장애가 사라지는 것은 아니다. 그러나 이러한 경험이 중요한 이유는 생애 처음으로, 때로는 삶에서 장애가 문제되지 않을 수도 있겠다는 희망을 간직할 수 있게 해주기 때문이다. 그전까지 릭은 삶에서 장애가 걸림돌이 되지 않게 하려면 어떻게 해야 하는지를 고민해야 했다. 그러나 이러한 경험을 하고 난 다음부터는 고민의 방향이 달라졌다. 삶에서 장애가 문제되지 않는다고 느낄 수 있는 경험을 어떻게 하면 더 많이 할 수 있을지를 고민하게 된 것이다.

이후에 이들은 'Hoyt' 부자가 함께 달린다는 의미에서 팀 호이트(Team Hoyt)라는 이름을 사용하기 시작했다. 비록 릭은 휠체어에 앉은 상태였을지라도 마음으로는 아버지와 함께했다. 도전은 계속되었다. 마라톤에서 철인 3종 경기로 그리고 6,000km에 이르는 거리의 미 대륙 횡단으로. 철인 경기 때는 보트에 아들 릭을 태운 상태

그림 6. 팀 호이트(Team Hoyt)

이만하면 괜찮은 부모

에서 아버지 딕이 자신의 허리와 보트를 끈으로 연결해 수영했다. 그리고 자전거는 특별히 제작한 이인승 자전거를 이용했다.

처음에 많은 사람들은 이들 부자가 철인 3종 경기에 도전하는 것을 만류했다. 이유는 간단했다. 위험하기 때문이었다. 또 어떤 사람들은 아버지 딕이 장애가 있는 아들을 혹사한다고 비난하기도 했다. 그러나 중요한 점은 아버지가 아들을 달리게 만든 것이 아니라, 아들이 아버지를 달리게 만들었다는 점이다. 단지 아버지 딕은 아들 릭이 행복해하는 순간을 가능한 한 많이 만들어내기 위해 노력했을 뿐이었다. 물론 그러한 일은 딕에게도 분명 커다란 기쁨을 선사했을 것이다.

팀 호이트 중 특히 아들 릭이 철인 3종 경기에 매료된 이유는 그 경기가 탄생하게 된 배경을 보면 어렵지 않게 짐작할 수 있다. 현대 철인 3종 경기의 창안자 콜린스(John Collins)는 전체 풀코스를 완주한 사람을 '철인(iron man)'이라고 했다. 뇌성마비로 태어나 혼자서는 걸을 수도 앉을 수도 그리고 말조차 할 수 없었던 릭이 '아이언맨'이 된 것이다.

팀 호이트는 무려 1,000번 이상 경주에 참여했다. 마라톤은 모두 64회 완주했는데 보스턴 마라톤에서는 무려 24회 연속 완주의 대기록을 수립하기도 했다. 특히 팀 호이트의 마라톤 최고 기록은 2시간 40분 47초였다. 정상 성인조차 엄두를 낼 수 없는 대기록이었다.

그들은 단축 철인 3종 경기에도 206회 참여했다.

릭은 컴퓨터의 도움을 통해 다음과 같이 말했다. "나는 무엇이든지 해낼 수 있다."[22] 아마도 세상에서 가장 행복한 사람 중 하나는 바로 이 말을 자신 있게 하고, 또 그 말을 세상 사람들에게서 객관적으로 공인받을 수 있는 사람이라고 할 수 있다. 이러한 말이 중요한 이유는 그 말을 하는 순간부터, 살면서 그 어떤 일이 닥치더라도 불행해지는 것이 불가능해지기 때문이다. 생각해보라. 그 말을 자신 있게 하고 또 세상에게 자격을 공인받는 사람이 어떻게 불행해지겠는가?

물론 누구나 그 말을 한다고 해서 행복한 삶이 보장되는 것은 아니다. 중요한 것은 어떤 경험을 바탕으로 그 말을 하는가 하는 점이다. 그러한 말은 세상 사람 중 오직 릭과 같은 체험을 한 사람들에게만 효과가 실제로 나타날 수 있다. 릭은 누구나 어렵다고 인정할 만한 도전을 했고 그 과정에서 수많은 좌절을 겪었지만 끝내 목표를 이룰 수 있었다. 릭의 말에서 '무엇이든지'라는 표현은 해낼 수 있는 일이 무한대로 많다는 의미이지, 세상의 모든 일을 실제로 다 해낼 수 있다는 의미가 아니라는 사실을 기억할 필요가 있다.

릭의 장점 중 하나는 매우 유머러스하다는 것이다. 릭이 성인이 되었을 때, 릭이 자동차에 탑승하는 것을 돕던 사람이 실수를 해서 릭이 1미터 아래로 추락한 적이 있었다. 이때 릭의 얼굴은 피투성이

이만하면 괜찮은 부모

가 되었다. 당시 실수했던 사람은 릭이 뇌손상이라도 입었으면 어쩌나 하고 매우 걱정했다. 그러자 릭은 의사소통 장치를 이용해 다음과 같이 말했다. "괜찮아. 어차피 뇌손상은 이미 오래전부터 있었는데 뭐."[23] 이 말은 곁에서 들은 딕은 박장대소했다. 릭이 냉소적인 어투가 아니라 명백히 유머러스한 방식으로 말했기 때문이다.

릭은 고등학교를 졸업한 후 보스턴 대학에 진학했다. 그리고 릭은 무려 9년간 노력한 끝에 1993년에 특수교육 전공 학위를 받았다. 팀 호이트는 1989년부터 호이트 재단을 설립해 장애인들이 행복한 삶을 살 수 있도록 돕고 있다.

2007년 릭은 한 잡지에 '아버지는 내게 어떤 존재인가'라는 글을 게재했다. 그는 이렇게 적었다. "만약 아버지가 없었더라면, 저는 아마도 장애인을 위한 시설에서 살고 있었을 것입니다. 아버지는 제게 단지 팔과 다리 역할만 해주신 분이 아닙니다. 그는 제 삶에 영감을 불어넣어 주시는 분입니다. 또 제가 삶을 충만하게 살 수 있도록 해줍니다. 그리고 다른 사람들도 그렇게 살 수 있도록 영감을 불어넣어 주시는 분입니다."[24]

훗날 딕은 이렇게 말했다. "나는 특별한 사람이 아니다. 그저 한 사람의 아버지일 뿐이다."[25]

• 4장 •

세상에서
으뜸가는 선물, 사랑

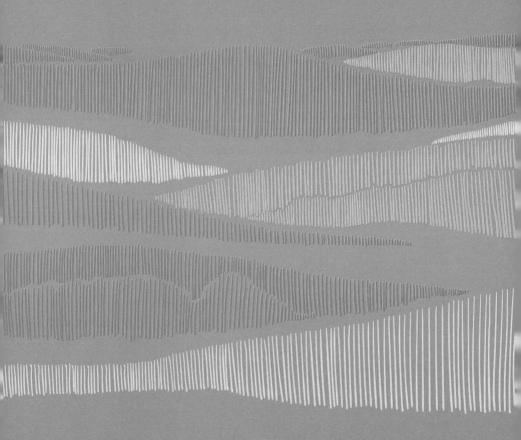

과거에 비해 요즘 심리학은 대중적으로 인기가 높아졌다. 그런데 심리학자로서 일반 청중을 대상으로 강의하다 보면, 심리학에 특별한 관심을 보이는 사람들이 있다. 바로 부모, 교사, 그리고 리더다. 단, 이들은 단순히 생물학적인 의미에서의 부모, 학교 교사 그리고 직장 상사를 가리키는 말이 아니다. 그보다는 세상 속에서 '부모, 교사 그리고 리더 역할을 하는 사람들'을 가리킨다.

그렇다면 왜 부모, 교사 그리고 리더가 다른 사람들보다 심리학에 더 큰 관심을 보이는 것일까? 아마도 이 세 집단의 공통점을 알게 되면 그 이유를 짐작하는 데 도움이 될 것이다. 이런 점에서 먼저 그 세 집단의 공통점이 무엇인지 잠시 생각해보자.

부모, 교사, 리더의 공통점과 관련해서는 다음 일화를 소개하는 것이 효과적일 듯싶다. 딸아이가 고등학교 2학년 때 있었던 일이다. 어느 날 학교에서 돌아온 아이가 한껏 들뜬 목소리로 자신이 학급회장으로 선출되었다고 말했다. 당연히 우리 부부는 그 얘기를 듣고 무척 기뻤다. 그러나 동시에 조금 염려가 되기도 했다. 대학입시 문제 등으로 한창 예민한 시기인 또래들에게 학급회장으로서 리더십을 발휘한다는 것이 결코 쉬운 일은 아니기 때문이다.

한 일주일쯤 지났을 때, 저녁 식사를 하면서 아이에게 슬쩍 물어보았다.

이만하면 괜찮은 부모

"그래, 학급회장을 해보니 어떻든? 할 만하니?" 이 질문을 받자마자 아이는 깊은 한숨을 내쉬면서 말했다. "정말이지 세상일이 내 맘 같지 않아……."

아마도 좋은 부모, 좋은 교사, 또는 좋은 리더가 되고자 하는 사람이라면 적어도 한 번은 비슷한 심정을 느껴본 적이 있을 것이다. 사실 심리학 관점에서 본다면, 세상에서 가장 철없는 모습 중 하나가 바로 '세상 사람들을 자기 뜻대로 움직일 수 있다고 믿는 것'이다. '제 한 몸을 자기 뜻대로 건사하는 것' 정도는 가능할 수 있다. 그러나 함께 생활하는 다른 사람들을 자기 뜻대로 움직이는 것은 완전히 별개에 해당한다.

사실, 다른 사람들과 함께 행복하게 살아가고자 하는 목표를 지닌 사람이라면, 처음부터 아예 주변 사람들을 자기 뜻대로 움직이려 하지는 않을 것이다. 타인의 뜻대로 움직이는 사람, 즉 '꼭두각시'처럼 살아가는 사람이 행복한 삶을 살기란 사실상 불가능하기 때문이다.

만약 지시와 명령만으로 좋은 자녀, 좋은 학생 그리고 좋은 팔로워(follower)를 만들 수 있다면 부모, 교사 그리고 리더의 역할은 상대적으로 쉬울 것이다. 그러나 인간관계에서 발생하는 복잡 미묘한 문제들은 단순히 지시와 명령만으로는 해결되지 않는다. 따라서 좋은 부모, 좋은 교사, 좋은 리더가 되려는 사람들은 자연스럽게 인생 공부에 관심을 가질 수밖에 없다. '자신의 뜻과는 다른 생각을 갖고 살아가는 사람들과 좋은 관계를 맺고자 하는 목표'를 가지고 있기 때문이다.

부모에게 도움이 되는 인생 공부의 종류는 무척 다양하다. 철학, 문학, 교육학, 예술 등. 그러나 자녀를 위한 인생 공부로 심리 공부만 한 것은 찾아보기 힘들다. '심리학은 부모와 아이의 심리적 탄생 과정 그 자체를 탐구하는 유일한 학문'이기 때문이다. 이러한 심리공부에서 특히 중요한 요소는 부모와 자녀가 포유류의 8가지 핵심 감정들, 즉 기쁨, 희망, 사랑, 연민, 믿음, 용서, 감사 그리고 경외감을 아낌없이 주고받도록 돕는 심리학적인 기술을 익히는 것이다.

동물행동학자이자 노벨상 수상자인 콘라트 로렌츠(Konrad Lorenz)는 사랑을 "천만 년에 걸친 진화의 역사에서 가장 경이적인 산물"이라고 평가했다.[1] 또 사도 바울(Paul)은 〈고린도전서〉에서 "믿음, 소망, 사랑, 이 세 가지는 항상 있을 것인데 그중의 제일은 사랑이라"라고 적었다.[2] 아이를 출산하는 것은 생물학적인 과정에 속한다. 반면에 앞서 소개한 '심리적인 동화'가 상징적으로 보여주듯 아이를 '가슴으로 낳는 경험'은 사회문화적인 과정에 해당한다. 따라서 적절한 학습 경험을 필요로 한다. 시인 릴케(Rainer M. Rilke)는 사랑과 관련해서 이런 말을 남겼다.

"한 사람이 또 다른 사람을 사랑한다는 것은 매우 어려운 일입니다. 아마도 우리에게 부여된 임무 중 가장 어려운 시험이자 도전 과제일 것입니다. 사랑에 비하면 인생의 나머지 모든 과제는 정말이지 준비단계에 불과합니다."[3]

사랑은 어렵다! 부모가 자녀를 사랑하는 경우도 마찬가지다. 부모라고

이만하면 괜찮은 부모

해서 자식을 사랑하는 것이 더 쉬운 것은 아니다. 사랑은 상대방에게 사랑한다는 말을 전하는 것 이상의 과정을 필요로 한다. 사랑한다고 말하는 것은 쉽지만 사랑을 실천하는 것은 어려운 법이다. 바로 그렇기에 부모라면 누구든지 '인생이라는 학교'에서 '자녀를 사랑하는 법'을 배울 필요가 있다.

좋아하는 것과 사랑하는 것의 차이

보통 아기들은 부모 말을 잘 듣지 않을 때가 많다. 하버드 대학 연구진은 아기가 엄마의 말을 얼마나 잘 듣는지를 확인하기 위해 엄마와 생후 27개월 정도 된 아기 90쌍이 함께 생활하는 모습을 다섯 시간 동안 관찰한 적이 있다.[4] 연구 결과, 엄마는 3분에 한 번 꼴로 아기에게 '명령'을 내리거나 아기의 행동을 '제지'하거나 아기의 상황에 맞지 않는 요구를 '무시'하는 모습을 보였다. 그리고 아기들은 이러한 엄마의 지시에 60퍼센트 정도만이 순순히 따르는 것으로 나타났다. 엄마의 지시 중 40퍼센트에 대해서 아기들은 엄마와 실랑이를 벌여 '타협'을 이끌어내거나 아예 '불복종'하는 모습을 보였다.

아이가 성장한다고 해서 부모의 지시에 순종하는 비율이 생후 27개월 때보다 더 높아지는 것은 아니다. 보통은 그 반대다. 따라서

이만하면 괜찮은 부모

부모 자녀 사이에서도 사랑이 중요할 수밖에 없다. 누군가를 예뻐하거나 좋아하는 것과는 달리, '사랑은 미운 감정조차도 끌어안는 법'이기 때문이다. 사랑이 성숙한 감정에 속하는 이유가 바로 여기에 있다. 문제는 '좋아하는 것'과 '사랑하는 것'이 외견상 비슷해 보인다는 점이다. 그러나 좋아하는 것과 사랑하는 것은 분명히 다르다.

우리는 누군가를 좋아하더라도 사랑하지는 않을 수 있다. 예컨대 꽃을 좋아하는 사람은 꽃을 위해 특별한 노력을 기울이는 일 없이도 꽃을 감상할 수 있다. 그러나 '오직 꽃을 사랑하는 사람만이 그 꽃에 실제로 물을 주는 법'이다.[5]

하버드 대학 심리학과의 대니얼 길버트(Daniel Gilbert) 교수는 '손주들을 '제로 칼로리 초콜릿(Noncalorie Chocolate)'이라고 한다. 그에 따르면 "그 아이들은 기쁨 그 자체일 뿐만 아니라 원하는 만큼 재미도 선사해주지만, 결코 책임을 부담 지우지는 않는다"는 것이다.[6] 바로 우리가 누군가를 좋아할 때 보이는 전형적인 모습이다. 다만 사회문화적 전통에 따라 그리고 가정 상황에 따라 손주가 이와는 다른 의미를 갖는 경우도 있을 것이다.

대조적으로 하버드 대학 성인발달 연구의 책임자 조지 베일런트 교수의 일화는 사랑과 관련해서 의미 있는 시사점을 준다. 그에게는 자녀가 다섯 명 있는데 그중 한 아들에게는 자폐증(autism)이 있다. 그는 한 인터뷰에서 자폐증이 있는 아들을 스스로 사랑한다고 확신하던 순간에 대해 이렇게 설명했다. "아들이 6살 때였습니다. 저는 그 아이를 위해 옷의 단추들을 하나하나 다 채워주어야 했습니다. 신발 끈도 일일이 다 묶어주어야 했지요."[7]

이처럼 우리가 누군가를 사랑하는 데는 상대방을 위하고 아끼며 보살피는 과정이 자연스럽게 포함되기 마련이다. 그러므로 상대방을 돌보는 행동을 하지 않으면서 누군가를 진정으로 사랑한다고 말한다면 공허한 것이 될 수밖에 없다.

동화작가 로버트 먼치(Robert Munsch)는 《언제까지나 너를 사랑해(Love you forever)》라는 작품을 발표한 적이 있다. 이 동화책은 전 세계적으로 1,500만 부 이상 판매된 베스트셀러다.[8] 미국의 〈오프라 매거진(The Oprah Magazine)〉은 이 책에 대해 "위대한 선물인 동시에 눈물 없이는 결코 읽을 수 없는 책"이라고 평했다.[9]

이 책은 엄마가 의자에 앉아 갓난아기를 안고 있는 장면으로 시작된다. 엄마는 품안에서 잠든 귀여운 아기를 위해 자장가를 불러준다. 실제로 작가가 직접 작곡해 발표한 그 자장가는 곡조가 매우 아름답기로도 유명하다. 자장가의 내용은 다음과 같다.

"난 너를 영원히 사랑할 거야. 난 너를 언제나 좋아할 거란다. 내가 살아 있는 한, 너는 내게 늘 사랑스러운 아이가 될 거야."[10]

세월이 조금 지나자 눈에 넣어도 전혀 아프지 않을 듯하던 아기

이만하면 괜찮은 부모

그림 7. 아기를 안고 있는 엄마의 모습

는 부모가 이전에는 상상조차 할 수 없었던 사고들을 치기 시작한다. 기저귀를 차고서 집 안에서 종횡무진 활약을 하는 것이다. 예를 들면, 엄마와 아빠가 귀하게 여기는 물건들을 귀신같이 찾아내 화장실로 가지고 가서는 변기에 넣고 물을 내려버린다. 이런 장면을 목격한 엄마는 때때로 비명을 지른다. "정말이지 너 때문에 내가 환장하겠다!"

그날 밤, 엄마는 잠든 아기가 깰까 봐 포복을 하고서 아기 방으로 기어 들어간다. 그리고 잠든 아기를 안고 자장가를 불러준다. "난 너를 영원히 사랑할 거야. 난 너를 언제나 좋아할 거란다. 내가 살아 있는 한, 너는 내게 늘 사랑스러운 아이가 될 거야."

세월이 흘러 아이가 소년이 된다. 문제는 커갈수록 그 천사 같던 아기가 온갖 부주의한 행동으로 집 안을 난장판으로 만들어버린다는 것이다. 소년은 집 안에서 가는 곳마다 마치 짐승이 다녀간 듯한 흔적들을 발자취로 남겨놓는 만행을 저지른다. 이러한 모습을 지켜보는 엄마는 때때로 그 소년을 정말이지 동물원에라도 팔아버리고 싶은 기분이 든다!

그러나 그 날 밤, 또다시 엄마는 잠든 소년의 방으로 조용히 들어간다. 그리고 잠든 소년을 안고서 자장가를 불러준다. "난 너를 영원히 사랑할 거야. 난 너를 언제나 좋아할 거란다. 내가 살아 있는 한, 너는 내게 늘 사랑스러운 아이가 될 거야."

이만하면 괜찮은 부모

세월이 더 흘러 사춘기가 되자 마치 짐승처럼 행동하던 소년은 자기와 똑같이 행동하는 친구들을 집으로 데려오기 시작한다. 반항기 넘치는 사춘기 소년들이 하는 행동이 어찌나 인간의 모습과는 멀어 보이던지, 엄마는 집 안이 마치 동물원이 된 듯 느끼게 된다.

그러나 그날 밤, 또다시 엄마는 잠든 반항아의 방으로 조용히 들어간다. 그리고 잠든 반항아를 안고서 자장가를 불러준다. "난 너를 영원히 사랑할 거야. 난 너를 언제나 좋아할 거란다. 내가 살아 있는 한, 너는 내게 늘 사랑스러운 아이가 될 거야."

세월이 더욱더 흘러 반항아가 이제는 어엿한 청년이 되었다. 그러자 청년은 부모에게 비장한 태도로 독립선언을 하더니, 아예 집에서 적당히 떨어진 곳에 방을 얻고서 집을 나가버린다.

그때부터 엄마는 이따금 한밤중에 차를 몰고 출동을 한다. 남모르게 아들을 찾아간 엄마는 이미 다 커버린 아들을 품에 안고서 자장가를 불러준다. "난 너를 영원히 사랑할 거야. 난 너를 언제나 좋아할 거란다. 내가 살아 있는 한, 너는 내게 늘 사랑스러운 아가가 될 거야."

속절없이 세월은 흐르고 또 흘러 어느덧 청년이 결혼을 해서 아기를 둔 아빠가 되었다. 어느 날 밤 아이의 아빠에게 전화가 걸려온다. 엄마였다. 엄마는 나이가 들어 어느새 백발의 노인이 되었다. 엄마는 쇠약해진 목소리로 아들에게 이렇게 말한다. "애야, 내가 마음

같아서는 오늘 밤에도 너를 찾아가 자장가를 불러주고 싶다만, 이제는 내가 너무나 나이가 들어 움직이기 어려울 뿐만 아니라, 지금은 몸까지 좋지 않구나. 그러니 오늘 밤은 제발 네가 좀 와주렴.”

그래서 이번에는 아들이 엄마에게 달려간다. 그리고 잠든 엄마를 안고서 자장가를 부른다. “전 당신을 영원히 사랑할 겁니다. 전 당신을 언제나 좋아할 겁니다. 제가 살아 있는 한, 당신은 제게 늘 사랑하는 엄마로 간직될 겁니다.”

집으로 되돌아온 아들은 잠든 아기가 있는 방으로 걸어간다. 그런 다음 천사처럼 잠든 아기를 안고서 아빠로서 자장가를 불러준다. “난 너를 영원히 사랑할 거야. 난 너를 언제나 좋아할 거란다. 내가 살아 있는 한, 너는 내게 늘 사랑스러운 아가가 될 거야.”

동화 《언제까지나 너를 사랑해》는 ‘이만하면 괜찮은 부모’가 된다는 것이 어떤 것인지를 생생하게 보여준다. 부모는 이따금 자녀 때문에 환장할 듯한 기분이 들기도 한다. 때로는 부모 눈에 자녀가 마치 짐승처럼 보이기도 한다. 때때로 자녀는 부모 입장에서는 배신감이 들 정도로 매정하게 행동하기도 한다. 이처럼 부모 자녀 사이에서는 ‘무엇을 상상하든지 언제나 그 이상의 갈등’이 벌어질 수 있다.

그러나 ‘이만하면 괜찮은 부모’라면, 그 모든 갈등과 어려움에도 사랑을 포함해 최상위의 긍정감정들을 온전하게 간직할 수 있다.

이만하면 괜찮은 부모

여기서 더욱더 중요한 점은, 사랑을 포함한 최상위의 긍정감정들이 부모를 통해 자녀에게 전해질 수 있다는 것이다. 또 이만하면 괜찮은 부모에게서 최상위의 긍정감정들을 물려받았던 자녀는 나중에 부모가 되어 또다시 최상위의 긍정감정들을 자녀에게 전하게 된다.

이러한 '삶의 순환(circle of life)' 과정에서 핵심 역할을 하는 것이 바로 '심리적 동화'다. 심리적 동화는 어머니에게서만 나타나는 것이 아니라, 아버지에게서도 나타날 수 있다. 자녀를 돌보는 행동을 담당하는 뇌의 영역은 남녀 모두에게서 일치하기 때문이다.

세계적인 과학 저널 《네이처(Nature)》에는 부모가 되기 전과 후에 쥐의 뇌에서 일어나는 변화를 조사한 논문이 실린 적이 있다. 쥐의 경우, 부모 쥐가 새끼 쥐를 보살피는 행동을 보이는 것은 뇌의 시상하부 중 전시각중추(medial preoptic area)와 관계가 있다.[11] 뇌의 이 영역은 성적 행동을 담당하는 곳이기도 하다.

보통 암컷과의 교미 경험이 없는 젊은 수컷 쥐는 새끼 쥐들을 물어 죽이는 등 공격적인 행동을 보인다. 그러나 암컷 쥐와 교미한 다음 새끼가 태어날 무렵이 되면 이전에 보였던 공격적인 모습이 현저하게 줄어든다. 전시각중추에 있는 신경세포 중에는 '갈라닌(galanin)'을 만들어내는 신경세포가 있다. 실험을 통해 이 신경세포를 인위적으로 활성화하면, 교미 경험이 없는 젊은 수컷 쥐도 마치 '아빠 쥐'처럼 공격적인 행동이 줄어들고 새끼를 보살피는 행동을 나타낸다. 이러한 점은 암컷 쥐도 마찬가지였다. 이처럼 암컷 쥐와 수컷 쥐 모두 육아와 관련된 행동은 뇌의 동일한 부위가 관장한다. 이런 점에서 심리적인 동화는 '뇌의 시상하부 중 전시각중추'와 관계가 있는 것으로 보인다.

사랑의 기술, 시간을 선물하기

하버드 대학의 성인발달 연구 결과는 심리적 동화가 사랑하는 관계에서의 핵심 요소 중 하나라는 점을 보여준다.[12] 생물학적으로 인간은 오직 한 번만 태어날 수 있다. 그러나 심리적으로는 여러 번 태어날 수 있다.

우리는 '이만하면 괜찮은 부모'에게서 '무조건적이고 긍정적인 보살핌'을 받으면서 첫 번째 심리적인 탄생을 경험하게 된다. 그 후 진정으로 '사랑하는 연인'을 만남으로써 두 번째 심리적 탄생을 경험한다. 또 '이만하면 괜찮은 부모'가 되어 아이를 '가슴으로 낳음'으로써 세 번째 심리적 탄생을 경험하게 된다.

앞에서 소개한 《언제까지나 너를 사랑해》라는 동화는 바로 이러한 심리적 탄생 과정을 잘 보여준다. 이 작품에서 아기는 그 어떤 행동을 해도 엄마에게서 한결같은 사랑을 받는다. 그리고 아기가 자라서 어른이 되었을 때 사랑하는 이를 만나 가정을 이루고 그 자신이 부모가 된다. 또 부모가 되어서는 자신의 아기에게 그 옛날 자신이 받았던 사랑을 전한다.

결국 우리 삶을 수놓는 것은 바로 이러한 '심리적 탄생' 경험이라고도 할 수 있다. 여기서 중요한 점은 심리적 탄생이 부모에게서 사랑받는 경험에서 시작된다는 것이다. 이때 부모 역할을 하는 이가 친부모인지 아니면 양부모인지는 그다지 중요하지 않다. 아이의 심리적 탄생에서 결정적인 요소는 자신에게 무조건적이고 긍정적인 형태의 사랑을 베풀어 주는 이가 세상 사람 중 적어도 한 사람은 존재해야 한다는 점이다.

심리적 탄생 과정에서 특히 중요한 요소 중 하나는 바로 '그럼에도 불구하고의 사랑'이다. 사랑받는 경험은 두 종류가 있다. 하나는 사랑받을 만한 행동을 했기 때문에 사랑받는 것이다. 나머지 하나는 사랑받을 만한 행동을 하지 않거나 오히려 사랑받지 못할 만한 행동을 했는데도 사랑을 받는 것이다.

문제는 우리가 사랑받을 만한 행동을 하거나 쓸모 있는 행동을 하는 경우에만 사랑받는 삶은 재앙에 가까운 일이 된다는 것이다. 이러한 점과 관련해서 과학자 마이클 패러데이(Michael Faraday)는 의미심장한 말을 남긴 적이 있다. "도대체 갓 태어난 아기에게 어떤

이만하면 괜찮은 부모

쓸모가 있을까요?"[13]

아마도 우리가 쓸모 있는 행동을 하는 경우에만 사랑받을 수 있었더라면, 어린 시절 사랑이 가장 필요한 그 시기에 그 누구도 사랑받지 못했을 것이다. 이런 점에서 프랑스의 대문호 빅토르 위고(Victor Hugo)는 "지상 최고의 행복은 우리가 현재 모습에도 불구하고 사랑을 받는다고 확신하는 것"[14]이라고 말했다.

앞서 소개했던 것처럼, 보통 아기들은 엄마의 지시에 60퍼센트 정도만 순순히 따른다. 그리고 엄마의 지시 중 40퍼센트에 대해서 아기들은 엄마와 실랑이를 벌이거나 불복종하는 모습을 보였다. 만약 아기가 사랑받을 만한 행동을 하거나 쓸모 있는 행동을 하는 경우에만 사랑을 받게 된다면, 아기는 엄마와의 관계에서 60퍼센트만 사랑받게 될 것이다. 그렇다면 이것은 온전한 사랑이 될 수 없을 것이다. 여기에서 중요한 것은 부분적인 사랑이 아니라 오직 온전한 사랑만이 우리 마음에 진정한 힘을 불어넣어 줄 수 있다는 점이다.

아기가 특별히 사랑받을 만한 행동을 하지 않은 경우에도 사랑을 받을 만한 가치가 있는 이유 중 하나는 아기가 장차 미래에 발휘할 수 있는 잠재력 때문이다. 문제는 그러한 잠재력은 오직 '그럼에도 불구하고의 사랑'을 받는 이들만이 발휘할 수 있다는 것이다. 비유적으로 표현하자면, 사랑받는 경험은 자동차의 연료 같은 역할을 한다. 자동차에 엔진이 있다고 해서 주행할 수 있는 것은 아니다. 반드시 연료가 주입되어야만 자동차는 힘차게 달릴 수 있다. 이때 엔진이 잠재력이라면 연료가 바로 사랑이 된다.

삶에서 사랑받는 것과 사랑하는 것은 둘 다 중요하다. 그러나 둘 중에서 조금 더 중요한 것을 고르자면, 바로 사랑받는 경험이다. 사랑을 제대로 받은 적이 없는 사람은 사랑을 나눠주기가 정말 어렵기 때문이다.

'살아 있어도 살아 있는 것이 아닌 것처럼 살아간다'라는 말이 있다. 바로 사랑받지 못한 채 살아가는 사람들의 모습을 가리키는 말이다. 따라서 생물학적으로 출산을 했다고 해서 부모 역할을 다했다고 할 수는 없다. 부모로서 아이가 생물학적으로뿐만 아니라 심리적으로도 탄생할 수 있도록 돕는 과정이 필요하기 때문이다.

심리적 탄생 과정에서는 애착이 중요한 역할을 한다. '애착(attachment)'을 평가하는 대표적인 방법으로는 '낯선 상황 실험'이 있다.[15] 애착은 아기가 부모 또는 돌보는 이와 친밀한 관계를 맺는 것을 말한다.[16] 애착은 미래의 사회적 적응을 예측하는 중요한 지표 중 하나다.

낯선 상황 실험에서는 엄마와 아기를 낯선 장소로 데려가서 처음 보는 사람과 함께 잠시 머물도록 한다. 그 후 아기와 함께 있던 엄마가 아무 말 없이 자리를 비웠을 때 아기가 보이는 행동을 관찰하게 된다. 이러한 상황에서 아이가 보이는 반응은 세 가지로 구분할

이만하면 괜찮은 부모

수 있다.

첫 번째 유형은 '안정형'이다. 이 유형의 아기들은 엄마가 자리를 비웠을 때 다소 불안해하지만 엄마가 돌아왔을 때 곧 안정된 모습을 보인다. 두 번째 유형은 '회피형'이다. 이 유형의 아기들은 엄마가 사라졌을 때 감정적인 동요를 크게 나타내지 않으며 엄마가 되돌아왔을 때도 엄마를 반기지 않는다. 세 번째 유형은 '양가형(또는 애증형)'이다. 이 유형의 아기들은 엄마가 사라졌을 때 매우 고통스러워하나, 엄마가 되돌아왔을 때 매달리는 모습을 보이기도 하고 엄마를 밀쳐내기도 하는 등 일관성이 부족한 모습을 보인다.

낯선 상황 실험이 보여주는 것처럼, 부모와 안정적인 애착을 형성한 아기는 애착 대상과의 이별이 주는 아픔을 잘 견뎌낼 수 있는 심리적인 힘을 갖고 있다. 낯선 상황 실험에서 아기는 눈앞에서 사라진 엄마가 언제 되돌아올지 전혀 알지 못한다. 그런데도 안정애착 유형의 아기가 엄마가 눈앞에 없는 상황에서도 정서적인 안정을 유지할 수 있는 비결이 무엇일까?

그 비결은 바로 심리적 동화에 있다. 안정애착 유형의 아기는 심리적 동화를 통해 엄마의 존재를 마음속 깊이 새기게 된다. 그 결과 엄마가 옆에 없어도 마치 엄마가 곁에 있는 듯한 느낌을 간직할 수 있게 된다. 안정애착 유형의 아기에게 엄마는 기쁨과 희망을 상징하는 존재다. 마치 어린 밤비가 한겨울에도 봄에 대한 희망을 떠올릴 수 있는 것처럼, 안정애착 유형의 아기는 자신이 필요로 할 때면 엄마가 나타나 자신에게 기쁨을 선물해주리라는 희망을 간직할 수 있다.

그렇다면, 부모는 자녀에게 사랑을 어떻게 선물할 수 있을까? 이 질문에 답하기 위해서는 우리가 사랑이라고 부르는 것이 무엇인지를 보다 정확하게 이해할 필요가 있다. "사랑은 다른 사람이 나 자신보다 더 소중하거나 나만큼 소중하다는 것을 깨닫게 해주는 경이로운 체험이다."[17] 다시 말해 부모가 자녀에게 사랑을 효과적으로 선물하기 위해서는 두 가지 조건이 갖추어져야 한다. 첫째, 부모로서 자녀가 자신보다도 더 소중하거나 적어도 자신만큼은 소중하다는 것을 느낄 수 있어야 한다. 둘째, 자녀도 부모가 나를 부모 자신보다도 더 소중하거나 적어도 부모 자신만큼은 소중하게 여긴다는 것을 느낄 수 있어야 한다.

여기서 한 가지 중요한 점은 부모의 사랑이 그저 베푸는 것으로 끝나서는 안 된다는 점이다. 사랑에서는 누군가가 사랑을 베푸는 것을 경험하는 것도 중요하지만, 그러한 사랑을 받아들일 줄 아는 것도 중요하다. 사랑은 그저 가만히 있으면 외부에서 주어지는 것이 아니다. 사랑을 받는 사람이 능동적으로 사랑을 받아들이려고 노력해야 한다. 야구에서 캐치볼을 할 때처럼, 상대방이 공을 던지면 그것을 받아낼 줄 알아야 하는 것이다.

이만하면 괜찮은 부모

사랑과 관련된 두 가지 과제를 효과적으로 실천할 수 있는 대표적인 방법으로는 시간을 선물하는 것이다.[18] 시간은 세상에서 가장 가치 있는 것 중 하나다. 그리고 모든 사람에게 똑같이 소중하다. 따라서 심리적 동화가 일어나지 않은 대상에게 시간을 선물하기란 대단히 어렵다. 심리학적으로 시간을 선물한다는 것은 상대방을 위해 품을 들여서 노력한다는 뜻이다.

예컨대, 바쁘고 피곤한 가운데서도 자녀와 함께 놀아주거나 자녀가 원하는 활동을 함께 하는 것이다. 때때로 사랑은 징표를 필요로 한다. 그리고 그것은 말이 아닌 행동이어야 한다. 한가할 때 자녀와 함께 놀아주는 것은 사랑의 징표가 되기 어렵다. 오히려 바쁘고 지치며 힘들고 스트레스를 받을 때야말로 자녀에게 사랑을 선물할 수 있는 좋은 기회다. 단, 사랑을 선물하기 위해서는 심리적 동화가 필수적이다. 자녀에게 사랑을 선물해야 할 소중한 순간에 짜증을 투척해서는 안 되기 때문이다. 바로 이렇기에 부모가 자녀를 사랑하는 것 역시 어려운 일이라는 것이다. 단, 말뿐인 사랑을 말하는 것이 아니라면 말이다!

자녀에게 사랑을 선물하고자 한다면, 이따금 자녀에게 직접 물어보는 것도 도움이 될 수 있다. "너는 어떤 때 엄마와 아빠가 너를 사랑하는 것 같은 느낌이 드니?"

사랑과 사랑이 아닌 것을 말로 구분하기는 어렵다. 그러나 우리는 사랑의 감정을 생생하게 느낄 수는 있다. 세계적인 바이올린 연주자이자 줄리어드(Juilliard) 음대 교수 강효의 사례는 우리가 어떨 때 사랑의 감정을 경험하는지를 잘 보여준다.

미국의 바이올리니스트 베를 세노프스키(Berl Senofsky)는 1964년 내한 공연 때 당시 학생이던 강효의 연주를 듣고서 매료되어 자신의 공연료를 모두 투자해 줄리어드 음대로 스카우트해 간 독특한 이력을 가지고 있다.[19] 졸업 후 강효는 동양인 최초로 줄리어드 음대 교수가 되었다. 여러 스승에게서 특별한 사랑을 받았던 그는 '백만 불짜리 미소를 지닌 휴머니스트'로도 정평이 나 있다.[20]

제자인 바이올리니스트 김지연과의 일화는 강효의 인간적인 면모를 잘 보여준다. 학생 시절 경제적으로 어려움을 겪던 김지연에게 강효는 아버지께 '감사 카드'를 썼으니 전해드리라고 말했다. 그 카드 봉투 속에는 교습비와 함께 다음과 같은 글이 담겨 있었다. "지연이 같은 재능 있는 아이를 가르치게 해주셔서 감사합니다. 지연이가 크게 성공하면 그때 아버님과 술 한잔 함께하면 어떨까요?"[21]

그렇다면 근본적으로 강효가 어떤 사람인지를 상징적으로 보여주는 '백만 불짜리 미소'는 어디에서 온 것일까? 강효에 따르면, 그러한 미소는 부모님의 사랑에서 온 것이었다. 한 인터뷰에서 강효는 부모님이 자신을 사랑하던 모습에 대해 눈물을 글썽이면서 이렇게 얘기했다.[22]

이만하면 괜찮은 부모

평생 의사로서 헌신했던 아버지는 유학 간 아들이 한글을 잊지 않도록 하기 위해 중요한 표현들을 직접 정리한 책을 여러 권 만들어 보내주었다. 강효가 바이올린을 처음 시작하게 된 것도 10살 때 음악을 사랑하는 아버지가 사준 바이올린이 계기가 되었다. 강효에 따르면 아버지는 어머니를 무척 사랑했다고 한다. 아버지는 어머니를 천사 같은 사람이라고 여겼다. 강효는 어머니에 대해 이렇게 말했다. "제 기억에 어머니는 평생 한 번도 목소리를 올려서 말씀하신 일이 없었어요. '효야, 네가 알아서 잘 하겠지만, 이렇게 하는 게 더 좋지 않겠니?'라고 하실 정도면 가장 노하셨을 때였습니다. (눈물을 머금은 웃음) 노하신 것보다 가장 걱정이 되신 거겠죠…."

이처럼 사랑은 누구나 느낄 수 있는 것이다! 그리고 누군가의 사랑이 진정한 것인지 여부는 시간이 자연스럽게 그 답을 알려주는 법이다. 더불어 사랑을 실천할 수 있는 방법에 관해서는 약 2,000년 전에 사도 바울이 잘 정리해서 제시한 바 있다. "사랑은 오래 참고 사랑은 온유하며 사랑은 시기하지 아니하며 사랑은 자랑하지 아니하며 교만하지 아니하며 무례히 행하지 아니하며 사랑은 자기의 유익을 구하지 아니하며 성내지 아니하며 악한 것을 생각하지 아니하며 불의를 기뻐하지 아니하며 사랑은 진리와 함께 기뻐하고 모든 것을 참으며 모든 것을 믿으며 모든 것을 바라며 모든 것을 견디느니라."[23]

5장

미워 보이는
자녀를 위한 선물, 연민

'미운 두 살(terrible twos)'이라는 말이 있다.[1] 한없이 예뻐 보이기만 하던 아이가 만으로 두 살이 되는 무렵부터 고집불통 괴물처럼 변하는 것을 뜻한다. 이 시기의 아기들은 마치 전생에 부모와 원수지간이기라도 했던 양 부모의 화를 돋우는 행동을 보인다. 미운 두 살의 아기가 미워 보이는 이유는 부모가 하지 말라는 행동을 해서가 아니라, 하지 말라는 부모의 말을 마치 그렇게 하라는 신호로 받아들이는 것처럼 행동하기 때문이다.

미운 두 살의 아기는 부모가 보기에 고의로 심술을 부리는 것처럼 보이는 행동을 한다. 예를 들면, 이 시기의 아기에게 전기 콘센트처럼 위험한 물건을 만지지 말라고 하면 빤히 부모의 표정을 살피면서 끈질기게 그쪽으로 다가가려고 애쓴다. 더구나 미운 두 살의 아기들은 부모가 하지 말라고 한 행동을 태연하게 한 다음 의기양양하게 박수까지 쳐서 부모의 속을 뒤집어놓기도 한다. 놀라운 것은 미운 두 살의 아기는 이처럼 금지된 행동을 할 때 가장 예쁜 미소를 보이기도 한다는 점이다!

그러나 발달 측면에서 본다면, 미운 두 살이 보이는 심술궂은 행동들은 나름대로 합리적인 의미를 지닌다. 부모에게 미운털이 박히는 값비싼 수업료를 치르고서 중요한 정서-사회적 학습을 하는 것이다. 그중 하나가 바로 사람마다 욕구의 차이가 존재한다는 것을 실감 나게 깨우치는

이만하면 괜찮은 부모

것이다. 여기서 실감 나게 깨우친다는 것은 단순히 머리로 이해하는 것과는 다르다. 부모와 함께 치르는 전쟁 같은 일화들을 통해 온몸으로 배우는 것을 뜻한다.

두 살 이전의 아기들은 자신의 욕구와 다른 사람의 욕구를 구분하지 못한다. 그러다가 두 살이 되면, 아기들은 어설픈 심리학자가 되어 부모를 대상으로 다양한 실험을 진행한다. 미운 두 살의 아기들은 부모가 만지지 못하게 하는 위험한 물건에 관심이 있는 것이 아니다. 그보다는 부모의 반응에 더 큰 관심을 보인다. 다시 말해서 미운 두 살의 아기들은 부모를 화나게 만들고 싶어 하는 것이 아니라, 자신이 어떤 행동을 하면 부모가 어떤 반응을 보이는지를 확인하고 싶어 하는 것뿐이다.

미운 두 살의 아기들이 보여주는 행동은 우리 마음속에 깃들어 있는 정서-사회적인 학습에의 욕구가 얼마나 강렬한지를 잘 보여준다. 미운 두 살의 아기는 자신이 시도하는 모험이 매우 위험한 결과를 초래할 수 있는데도 고집스럽게 그러한 행동을 나타내기 때문이다. 흔히 부모들은 미운 두 살의 아기가 심술궂은 행동을 나타낼 때 감정적인 폭발을 보이기도 한다. 그럴 때면 미운 두 살의 아기들 눈가에는 눈물이 고인다. 중요한 것은 이때 미운 두 살의 아기들이 흘리는 눈물은 진짜 눈물이라는 점이다.

미운 두 살의 아기들이 이처럼 부모와의 관계를 깨트릴 수 있는 위험을 감수하면서까지 정서-사회적 학습을 하는 것이 왜 그토록 중요할까? 바로 그러한 과정을 통해 평생의 삶에 지속적으로 영향을 주는 공감의 가치를 깨달을 수 있기 때문이다.

기본적으로 진정한 공감을 배우기 위해서는 다음 과정을 거쳐야 한다. 첫째, 자신과 타인의 욕구가 서로 다르다는 것을 이해할 수 있어야 한다. 예컨대 미운 두 살은 위험한 물건에 대해 부모와 자신이 서로 다른 욕구를 지녔음을 배우게 된다. 둘째, 자신이 경험하지 않는 다른 사람의 감정을 이해할 수 있어야 한다. 예컨대 미운 두 살은 자신이 위험한 물건을 손에 쥐는 데 성공했을 때 그것이 자신에게는 즐거움을 주지만, 부모는 분노하게 만든다는 사실을 배우게 된다. 마지막으로, 자신이 상대방과 똑같이 느끼지 않는다는 것을 아는 상태에서도 상대방을 보살피는 것이 가능하다는 것을 배워야 한다. 예컨대 미운 두 살은 자신이 위험한 물건을 손에 쥐는 데 성공해서 좋아하는 순간에도, 자신과 다른 입장을 지닌 부모가 그런데도 자신을 이전과 마찬가지로 보살펴준다는 것을 배운다.

여기서 중요한 점은 미운 두 살의 아기들이 공감을 배우기 위해서는 부모에게서 연민을 선물받는 것이 필요하다는 것이다. 연민은 상대방이 경험하는 고통이나 혼란을 제거해줌으로써 그 사람이 건강하고 행복한 상태에 이를 수 있도록 돕고자 하는 감정이다. 이런 점에서 연민은 공감적 행동의 뿌리에 해당한다고 할 수 있다.[2] 베푸는 사람과 받는 사람 모두에게 유익함을 선사해준다는 점에서 연민은 사랑과 희망만큼이나 좋은 것이다. 누군가에게 연민을 선물하기 위해서는 상대방의 고통과 혼란에 대해 안타까워하는 것만으로는 충분하지 않다. 연민을 느낀다는

이만하면 괜찮은 부모

것은 상대방의 아픔에 공감할 뿐만 아니라 실제로 상대방을 위해 보살핌을 실천하는 것을 뜻한다.

애석하게도 많은 부모가 미운 두 살이 심술궂은 행동을 나타낼 때 연민을 선물하기보다는 오히려 짜증을 낸다. 그러나 연민에 기초한 보살핌을 받는 것 역시 사랑을 받는 것만큼이나 축복에 해당한다. 바로 그렇기에 공감은 미운 두 살의 아기들이 부모와의 관계를 깨트릴 수 있는 위험을 감수하면서까지 고집스럽게 도전할 만한 가치가 있는 학습 대상인 것이다.

아마도 부모라면 이따금 아기의 보살핌을 받는 '웃픈' 경험을 한 적이 있을 것이다. 발달 심리학자인 앨리슨 고프닉(Alison Gopnik)은 저서에서 다음과 같은 일화를 소개한 적이 있다.[3] 어느 날 앨리슨은 일하는 엄마가 흔히 겪을 수 있는 좌절감을 경험했다. 자신이 학술지에 투고한 논문이 게재 거부를 당해 스스로 무능한 연구자라고 자책하게 된 것이다. 엘리슨은 집으로 돌아왔을 때 속이 상해 소파에 앉아 펑펑 울었다. 그때 두 살배기 아들이 걱정스러운 눈빛으로 엄마를 바라보더니 반창고가 든 상자를 들고 와서는 엄마의 몸 여기저기에 반창고를 붙였다.

아들의 이러한 행동은 의사로서는 명백히 오진에 해당한다. 그러나 심리 상담가로서는 놀라운 효과를 나타냈다. 엄마가 울음을 뚝 그치게 된 것이다. 바로 연민의 위력이다. 단, 사랑과 마찬가지로 보살핌 역시 과거에 보살핌을 제대로 받아본 적이 있는 사람만이 누군가에게 선물할 수 있다.

그림 8. 아이의 반창고 사랑

이만하면 괜찮은 부모

목수형 부모와 정원사형 부모

모든 아이에게는 어른의 보살핌이 필요하다. 그 누구도 부정할 수 없는 사실이다. 그러나 슬픈 진실은, 어떤 이유에서건 아이들이 항상 어른의 보살핌을 받는 것은 아니라는 점이다. 보살핌을 위해서는 연민의 감정이 필수다. 그러나 역사적으로 어른들이 아이들에게 연민의 감정을 품기 시작한 것은 얼마 되지 않았다. 게다가 오늘날까지도 어른들은 아이들이 필요로 하는 연민을 충분히 전해주지는 않는 것 같다.

인류 역사에서 아동기가 항상 존재했던 것은 아니다. 특히 서구 사회에서는 중세 시대까지만 하더라도 아동기는 사실상 존재하지 않는 것이나 마찬가지였다. 서구 사회의 경우, 아동이 어른과는 다른 존재로 받아들여지게 된 데는 구텐베르크(Johannes Gutenberg)의

인쇄술 혁명과 밀접한 관계가 있다.[4]

인쇄술이 발전하면서, 서구 사회에서 학습은 책을 읽는 것과 같은 의미를 지니게 되었다. 그리고 아동은 책을 읽을 줄 모르는 존재로 받아들여지게 되었다. 이처럼 아동과 어른 간 차이를 명확하게 인식하게 되자, 사람들은 자연스럽게 그로 인한 또 다른 차이에도 주목했다. 아동은 어른처럼 합리적으로 사고하지 못하는 미숙한 존재라는 것이다. 그런데도 어른이 아동을 보살펴줄 필요가 있다는 사회적인 분위기가 형성되기까지는 그 후로도 수백 년 이상의 시행착오 경험이 필요했다.

19세기 중반까지만 하더라도 어른들은 아동을 보살필 생각을 그리 하지 못했다.[5] 그 시기까지만 하더라도 아동은 5살 때부터 고된 노동에 참여해야 했으며 노동현장에서 필수인력 중 하나로 간주되었다. 사실상 사회적으로 아동 노동이 금지된 것은 20세기 이후의 일이다. 그러나 오늘날까지도 아동 노동은 전 세계적으로 지속되고 있다.

국제노동기구(ILO)와 유니세프(UNICEF)의 아동 노동 보고서에 따르면, 전 세계에서 아동 노동 인구는 2020년에 약 1억 6,000만 명에 달하는 것으로 나타났다.[6] 2016년에 비해 840만 명이나 늘어난 수치다. 이처럼 21세기에 이르러서도 여전히 상당수 아동은 어른들에게 보살핌을 받지 못하고 있는 듯하다. 이러한 결과는 일부 어른이

이만하면 괜찮은 부모

아동의 경제적 가치를 아동의 행복이라는 심리적 가치보다 더 높이 평가하고 있음을 보여준다.

오늘날 대부분 부모는 아동 노동을 금지하는 데 동의하는 듯하다. 문제는 아동이 노동 대신 무엇을 해야 한다고 믿는가 하는 점이다. 때때로 아동의 행복이라는 심리적 가치는 학습을 중시하는 양육적 가치에 따라 후순위로 밀리기도 한다. 많은 부모가 아이들을 위해 가장 좋은 것이 무엇인지 스스로 알고 있다고 생각하는 경향이 있기 때문이다. 그러나 누군가에게 가장 좋은 것이 무엇인지 절대적으로 확신할 수 있는 사람은 세상에 존재하지 않는다.[7]

앨리슨 고프닉은 1970년대에 널리 알려진 '양육(parenting)'이라는 개념이 너무나도 많은 폐해를 낳았다고 주장했다.[8] 앨리슨에 따르면, '부모가 된다는 것(being a parent)'과 '양육을 하는 것'은 다르다.

'양육'이라는 용어는 20세기에 미국에서 부모들에게 가장 영향력 있는 개념 중 하나였다. 일반적으로 양육의 목표는 자녀를 행복하고 성공적인 삶을 살 수 있도록 하는 것이 된다. 인터넷 서점 아마존(Amazon)의 육아 코너에는 약 6만여 권의 책이 있는데 대부분 제목에 '~하는 방법'이라는 표현이 들어 있다.[9] 물론, 이러한 양육서들은 좋은 부모가 되는 방법과 관련된 실용적인 조언을 담고 있다.

그러나 앨리슨 고프닉은 그토록 많은 양육서가 실제로는 아이들의 삶이 행복해지도록 돕지는 못했다고 평가했다. 자녀를 다른 아이들보다 더 성공한 어른으로 만들려는 노력의 경우, 일부 성공 사례가 존재할지라도 대다수 부모에게는 불안감, 좌절감 그리고 죄책감을 자극할 뿐이다. 예를 들어 성공적인 양육에 대한 정의를 '자녀가 명문 대학에 진학하는 것'으로 정의하게 되면, 성공한 부모보다는 실패한 부모의 숫자가 더 많아질 수밖에 없기 때문이다.

앨리슨 고프닉에 따르면, 기본적으로 그러한 양육서는 잘못된 가정을 바탕으로 한다. 그런 책들에서는 양육 효과를 자녀가 사회에서 얼마나 성공하느냐를 기준으로 평가한다. 그러나 이것은 결혼의 성공 여부를 배우자가 결혼 후에 사회적으로 얼마나 성공했는지를 가지고 평가하는 것만큼이나 이상한 기준이다. 물론 이러한 기준에 대해 이상하게 생각하지 않는 사람들 수가 점점 더 늘고 있다는 것이 오늘날의 문제이기도 하다.

앨리슨 고프닉은 전통적인 양육 모델에서 목수(carpenter)형 부모를 추천하는 것을 비판했다. 목수형 부모는 자녀를 자신의 설계대로 살아가도록 한다. 그리고 자녀 양육의 성공 여부에 대한 평가 기준은 최종 결과가 자신이 설계한 내용과 얼마나 가까운지 여부가 된다.

바람직한 부모의 모습은 정원사(gardener)형 부모다. 정원사형 부모는 주의 깊은 보살핌을 통해 자녀가 시시각각 변화하는 환경에

유연하게 적응하면서 강점을 잘 발휘할 수 있도록 돕는다. 정원사형 부모는 결과가 아니라 자녀가 성장해 나가는 과정에 주안점을 둔다. 이처럼 오직 정원사형 부모를 지향할 경우에만 사회적으로 육아에 실패한 부모보다 성공한 부모의 숫자가 더 늘어날 수 있다.

기본적으로 육아의 본질은 보살핌에 있다. 그리고 보살핌을 위해서는 연민이 필요하다. 부모로서 자녀를 보살핀다는 것은 자녀가 수많은 시행착오를 경험한다 해도 스스로 선택할 기회를 빼앗지 않고, 자녀가 세상에게서 허락받은 자기 탐색의 기회를 보호해주는 것이어야 한다. 이처럼 부모가 자녀를 지혜롭게 보살피기 위해서는 아동의 심리적 특성을 이해할 필요가 있다.

자녀는 부모의 연민을 먹고 자란다!

아동은 여러 면에서 어른과는 다르다. 첫째, 아동의 의식은 어른과는 다르다. 어른의 의식을 기준으로 해서 평가한다면, 아동은 주의 집중력이 부족하다.[10] 그러나 보다 중립적인 입장에서 어른과 아이의 의식을 비교한다면 그 둘은 서로 다를 뿐이다. 어른은 의식적으로 특정 대상에 초점을 맞추는 것이 가능하다. 어른의 의식은 '독서용 램프'와 비슷하다. 특정 대상만을 비춘다. 대조적으로 아이들의 의식은 마치 '전등'과도 같다. 특정 대상만을 비추는 것이 아니라 방안의 사물들을 두루 비춘다. 두 의식의 장단점은 분명하다. 독서나 학습 등 특정 과제를 수행할 때는 당연히 어른의 의식이 유리하다. 그러나 어른의 의식이 늘 유리한 것은 아니다.

외국의 도시를 여행하는 상황을 떠올려보자. 만약 비즈니스 목적으로 출장을 간 것이라면, 목적을 달성하기 위해 외부 정보를 받아들일 때 필요한 정보만을 선택적으로 받아들이고 정해진 일정대로만 움직이는 등의 효율성이 요구될 것이다. 대조적으로 즐거움을 누리기 위해 여행을 갔다고 가정해보자. 이때는 특정 정보만을 선택적으로 수집하고 정해진 일정대로만 기계적으로 움직인다면, 여행의 즐거움을 반감시키게 될 것이다. 이런 점에서 어른의 의식은 특정 목적을 달성하는 데 유리한 반면, 아이의 의식은 인생의 여정을 자유롭게 탐색하는 데 유리하다고 하겠다.

만약 아이가 인생을 출발할 때부터 정해진 목표만을 향해 일직선으로 나아간다고 가정해보자. 이러한 삶의 방식은 아이의 인생에 결코 도움이 되지 않을 것이다. 아이는 삶을 위해 수많은 시행착오를 겪더라도 세상에게서 허락받은 자기탐색의 기회를 적극적으로 활용하는 것이 필요하다. 바로 아이의 의식은 그러한 자기탐색에 적합한 것일 뿐이다. 만약 진단이 필요한 수준의 장애가 있는 것이 아니라면, 아이의 자연스러운 특성을 주의집중력이 부족한 것으로 오인해서는 안 될 것이다.

둘째, 어른과는 달리 아동은 낙천적인 형태의 자기중심적 사고를 한다. 나이 많은 아동들이나 어른들에 비해 5~6세 아동들은 아이들이 가지고 있는 안 좋은 특징들이 시간이 지나면서 훨씬 더 긍정적인 방향으로 변한다고 믿는 경향이 있다.[11] 여기서 안 좋은 특징으로는 게으름 같은 성격 특징뿐만 아니라 약한 시력 등 신체적인 특징도 포함된다. 또 5~6세 아동들은 그보다 나이 많은 아동이나 어른들에 비해, 마음먹기만 한다면 노력을 통해 여러 부정적인 특징을 더 잘 바꿀 수 있다고 믿는 경향이 있다. 비록 나이 어린 아동들의 이러한 판단이 객관적이지는 않을지라도, 현실을 어느 정도는 반영하고 있다. 실제로 시간이 흐름에 따라 아이들의 많은 미숙한 행동이 긍정적으로 변하고 실력도 향상되기 때문이다.

문제는 이처럼 아동이 스스로 노력을 통해 성취할 수 있는 영역의 범위를 과대평가하는 경향성이 현실에서의 위험과 직결된다는 점이다. 스스로 운전할 수 있다고 믿는 아동을 만나는 것은 그다지 어려운 일이 아니다. 이처럼 유년기에 자신의 능력을 과대평가하고 자신의 수행 능력을 정확하게 예측하는 데 어려움을 나타냈던 아이들은 실제로 부상을 더 많이 입는 것으로 나타났다.[12]

컴퓨터 시뮬레이션으로 조사한 결과에 따르면, 아동들은 대체로 12세가 되었을 때조차도 자전거를 타고서 안전하게 차도를 가로지를 타이밍을 정확하게 잡아내지 못하는 것으로 나타났다.[13] 아이들이 자전거를 타고 차도를 건너갈 수 있다고 믿는 순간, 즉 아이들이 스스로 과제를 해낼 수 있다고 믿는 순간이 사실은 어른들 기준으로는 매우 위험한 상황에 해당되는 것으로 나타났다.

셋째, 아동에게는 놀이가 필요하다는 점이다. 어른들보다 더욱더

이만하면 괜찮은 부모

절실하게 말이다! 지금까지 살펴본 것처럼, 아동기에는 일상생활이 실패와 좌절로 가득 들어찰 수 있는 위험이 도사리고 있다. 하버드 대학의 성인발달 연구책임자인 조지 베일런트 교수에 따르면, 그랜트 스터디에서 "최고의 발견은 아동기에 우리에게 일어나는 좋은 일들이 나쁜 일들을 청산해줄 수 있다는 것이다."[14] 아동에게 일어날 수 있는 가장 좋은 일 중 하나가 바로 놀이를 통해 기쁨을 경험하는 것이다.

전통적인 양육 모델에서는 놀이조차도 그러한 활동의 교육 가치를 인정받을 수 있을 때만 아동들에게 허용된다. 예를 들면, 학습에 도움이 되거나 사회적인 유능성을 증진하는 데 도움이 되는 놀이만 권장되는 것이다. 그러나 만약 학습을 위한 것이라면 놀이는 공부를 쫓아갈 수가 없다. 그리고 사회적인 유능성을 높이는 것이 목적이라면 놀이보다는 사회기술훈련 프로그램을 하는 것이 더 효과적일 것이다.

아동기에 놀이는 중요한 기능을 수행한다. 정의상 놀이는 특별한 목적 없이 하는 활동이다. 따라서 놀이는 아동이 수행의 결과보다는 수행의 과정 그 자체를 즐기는 법을 배울 기회를 제공한다.[15] 놀이의 가장 놀라운 기능 중 하나는 성공보다 실패가 더 많은 비중을 차지하는 활동을 지속하게 만들 뿐만 아니라, 실패를 통해서도 긍정적인 감정을 경험할 수 있는 길을 알려주는 것이다.[16]

게이머들에게 심박수, 피부전도 반응, 얼굴근육 전기활성도를 평가할 수 있는 생체 측정장비를 연결한 상태에서 게임을 하도록 하면, 게이머들은 다음 두 상황에서 긍정적인 감정을 나타낸다.[17] 하나는 높은 점수를 얻거나 어려운 과제를 성공적으로 수행했을 때다. 나머지 하나는 노력을 했지만 게임 속 과제에 안타깝게 실패했을 때이다. 실패하는 순간 게이머들은 새로운 도전 욕구를 보이는 것으로 나타났다. 실패를 하는 순간에 더 잘하고 싶은 열망이 드는 것이다.

이처럼 놀이는 우리가 삶에서 실패하는 법을 배울 기회를 제공한다. 나아가 놀이는 우리가 사회적인 관계 속에서 우아하게 패배하는 법을 익힐 기회도 제공한다. 어린 포유류 동물들이 즐기는 난투극 놀이는 공감적 유대를 강화할 수 있다. 보통 어린 포유류 동물들은 이기기 위해 난투극 놀이를 한다. 그러나 그 과정에서 공동체의 결속을 위해 품위 있게 지는 법도 함께 배우게 된다.

그밖에도 놀이는 적극적인 자기 탐색의 기회, 의사소통과 사회적인 관계 형성의 기술, 상상력 증진, 정서적 조절능력 향상, 신체적인 기술 훈련, 문화적 규준의 학습 등 아동에게 수많은 혜택을 준다.[18] 결과적으로 아동기에 놀이를 충분히 즐기는 것은 아이들이 성숙한 성인으로 성장하는 데 중요한 역할을 한다.

여기서 오해해서는 안 되는 것은, 아동에게 놀이는 그것을 통해

이만하면 괜찮은 부모

그림 9. 어린 포유류 동물의 난투극 놀이

또 다른 무언가를 얻을 수 있기 때문에 중요한 것이 아니라, 놀이 그 자체만으로도 충분히 좋다는 점이다.[19]

놀이는 출생 직후부터 중요한 삶의 일부가 된다. 그리고 놀이는 아이가 끔찍한 상황에 처했을 때도 자연스럽게 나타난다. 아이들은 나치수용소의 공포 속에서도 놀이를 즐기는 모습을 보였다.[20] 그러나 분명한 것은 놀이가 정서적으로 안정적인 환경에서 더 잘 나타난다는 점이다.

바쁜 부모라면 자녀와 함께 놀아줄 수 있는 시간을 내기가 어려울 수밖에 없을 것이다. 그렇다고 해서 아이와 거짓 놀이, 즉 부모가 피곤한 표정으로 억지로 아이와 함께 노는 것은 바람직하지 않다. 또 꼭 훌륭한 장난감을 제공해주어야만 아이들이 잘 놀 수 있는 것도 아니다. 더불어 부모가 자녀를 위해 놀이의 종류를 지정하는 것역시 좋은 시도가 못 된다. 놀이는 자발적이어야 하기 때문이다.

《위대한 개츠비》의 작가 스콧 피츠제럴드(F. S. Fitzgerald)가 쓴 소설 《벤자민 버튼의 시계는 거꾸로 간다》에는 놀이와 관계된 흥미로운 장면이 나온다.[21] 어느 날 갑작스럽게 양자를 얻게 된 버튼 씨(Mr. Button)는 양아들 벤자민(Benjamin)에게 딸랑이를 건네주면서, 어린이답게 딸랑이를 가지고 놀라고 지시를 한다. 벤자민은 딸랑이를 가지고 노는 것을 무척 지루해했지만, 양부의 성화에 못 이겨 딸랑이를 들고서 하루 종일 딸랑거리는 소리를 내야만 했다. 또 양부는

이만하면 괜찮은 부모

장난감 병정, 장난감 기차, 그리고 장난감 동물들을 벤자민에게 안겨주면서 가지고 놀도록 한다. 물론 버튼 씨의 이러한 노력은 소설 속에서도 그리고 현실에서도 아무런 소용이 없다.

요약하자면 아동은 어른과는 다르다. 아동은 주의집중력이 부족하고, 스스로를 과대평가하는 형태로 낙천적인 자기중심성을 보이며, 나치수용소의 공포 속에서도 놀기를 원하는 존재다. 그렇다면 한번 떠올려보라! 이들에게 무엇이 필요하겠는가? 이들에게 필요한 것은 노동이나 학습이 아니라 놀이다. 주의집중력이 부족하고 스스로의 능력을 과대평가하는 아이의 생활은 수많은 좌절이 동반될 수밖에 없다. 그렇기에 아동기에는 수행의 실패 상황이 문제가 될 수밖에 없는 활동인 노동이나 학습이 아니라, 수행의 실패가 현실에서 그다지 문제가 되지 않는 놀이가 중요하다. 특히 놀이는 아동기의 좌절을 상쇄해줄 기쁨을 제공한다. 이런 점에서 놀이는 아동이 경험할 수 있는 가장 좋은 일 중 하나다. 따라서 아이들에게 놀 기회를 주는 데 필요한 것은 놀이를 허락할 만한 합당한 명분(예컨대, 사회성 증진 등)이 아니라 바로 연민이다.

결국 아동기 자녀를 둔 부모의 중요한 역할 중 하나는, 아이의 도전이 결국은 실패할 수밖에 없다는 것을 알면서도 아이가 안전한 통제 상황 속에서 그러한 시행착오를 통해 직접 세상을 배우고 자신에 대해 깨달아갈 기회를 제공하는 것이다. 그리고 아동기에 경험하는 여러 실패 경험이 아이에게 상처로 남지 않을 수 있도록, 연민의 감정을 바탕으로 헌신적으로 보살피는 것이다. 특히 어른이 되기 위한 대가로 자녀가 과도한 노동이나 학습 때문에 아동기를 희생하지 않도록 지혜로운 보살핌을 선물할 필요가 있다.

J. D. 샐린저(J. D. Salinger)는 《호밀밭의 파수꾼》에서 그러한 부모의 모습을 다음과 같이 묘사했다. "내가 할 일은 아이들이 낭떠러지 쪽으로 내달리면, 재빨리 가서 붙잡아주는 거야. 애들이 앞뒤 가리지 않고 마구 내달리면 어딘가에서 내가 나타나서는 애들이 떨어지지 않도록 붙잡아주는 거지. 온종일 내가 하는 일이라곤 그것뿐이야. 말하자면 호밀밭의 파수꾼이 되는 거지."[22]

이만하면 괜찮은 부모

6장

부모가 자녀에게 줄 수 있는
가장 좋은 선물, 믿음

부 모가 자녀를 위해 해줄 수 있는 일들은 무척 많다. 그러나 부모가 제아무리 자녀를 사랑하더라도 자녀를 위해 해줄 수 없는 일들도 있다. 문제는 그 둘을 구분하기가 결코 쉽지 않다는 점이다. 종종 부모는 자녀를 위해서 해줄 수 있는 일들을 잘 모르고 지나치거나, 자녀를 위하는 마음에 부질없는 일들을 애써 벌이기도 한다. 따라서 좋은 부모가 되려면 자녀를 위해 해줄 수 있는 것과 해줄 수 없는 것을 지혜롭게 구분할 필요가 있다.

전 세계의 가정에서 흔하게 일어나는 일 중 하나는 출생순위에 따라 형제들 사이에 IQ 차이가 나타나는 것이다. 특히 중요한 점은 출생순서가 나중일수록 IQ가 더 낮아지는 경향이 있다는 것이다. 세계적인 과학 저널 《사이언스(Science)》에는 약 25만 명을 대상으로 IQ와 출생순서의 관계를 조사한 연구 결과가 발표된 적이 있다.[1] 이 연구에서는 군에 입대한 병사들의 자료를 사용했기 때문에 남자 형제들의 IQ 자료만 분석되었다.

그림 10의 가장 왼쪽 자료를 살펴보면, 삼형제가 있는 가정의 경우 첫째들의 평균 IQ는 약 103이고 둘째들의 평균 IQ는 약 100 그리고 셋째들의 평균 IQ는 약 98인 것으로 나타났다. 이처럼 출생 순서상 늦게 태어날수록 IQ가 낮아지는 것으로 나타났다.

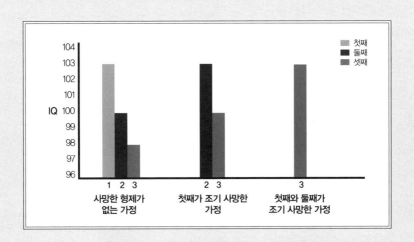

그림 10. 출생순위와 IQ의 관계

여기까지만 살펴보면 첫째는 첫째로 태어나고 막내는 막내로 태어나는 것처럼 생각된다. 그리고 이는 선천적인 차이처럼 보이기 때문에 부모로서도 어쩔 수 없는 일 같은 인상을 준다. 그러나 진실을 이해하기 위해서는 조금 더 자료를 살펴볼 필요가 있다.

그림 10의 가운데 부분에는 처음에 삼형제로 출발했지만 첫째가 조기 사망한 가정의 형제들 IQ가 제시되어 있다. 이러한 가정에서는 출생 시 둘째였던 아이가 사실상 집에서 첫째인 셈이 되기 때문에, 결과적으로 삼형제가 있는 가정에서 첫째가 보이는 수준의 IQ(약 103)를 나타낸다. 그리고 출생 시 막내였던 아이는 사실상 집에서 둘째인 셈이 되기 때문에 결과적으로 삼형제가 있는 가정에서 둘째가 보이는 수준의 IQ(약 100)를 나타낸다.

그림 10의 가장 오른쪽에는 처음에 삼형제로 출발했지만 첫째와 둘째가 조기 사망한 가정에서 셋째가 보이는 IQ가 제시되어 있다. 이러한 가정에서는 출생 시 막내였던 셋째 아이가 사실상 집에서 첫째인 셈이 되기 때문에, 결과적으로 삼형제가 있는 가정에서 첫째가 보이는 수준의 IQ(약 103)를 나타낸다.

이러한 연구 결과는 '첫째가 첫째이고 막내가 막내인 것처럼 보이는 이유'와 관련해서 중요한 시사점을 준다. 늦게 태어날수록 IQ가 더 낮아지는 경향은 선척적인 차이에 의한 것이 아니라는 점이다. 막내가 첫째나 둘째보다 낮은 수준의 IQ를 나타내는 것은 사실상 부모가 은연중에 그

이만하면 괜찮은 부모

런 방식으로 대했기 때문이다.

이러한 설명을 들은 부모들은 종종 이렇게 반문하기도 한다. "삼형제가 있는 가정에서 첫째와 막내가 보이는 IQ 5점의 차이가 그렇게 중요한 걸까요?"

널리 알려진 대로, IQ는 지적인 잠재력에 대한 추정치다. 심리학계에는 IQ와 관련된 유명한 얘기가 있다. "IQ는 그 어떤 중요한 것도 예측하지 못합니다. 정말입니다! 단, 인생에서 학업 성적, 직업, 돈, 건강, 수명이 결코 중요하지 않다고 믿는 사람에게만 말입니다."[2]

물론 IQ가 이처럼 삶의 다양한 영역에서의 수행 수준을 잘 예측해준다 하더라도, IQ 5점의 차이는 그다지 비중 있는 것이 아닐 수도 있다. 그러나 문제는 '부모가 자녀를 키우는 과정에서 은연중에 첫째를 첫째로 대하고 막내를 막내로 대하는 것이 유독 IQ에만 영향을 주겠는가 하는 점'이다.

아마도 부모가 첫째와 막내를 다르게 키우는 것은 셀 수도 없이 많은 삶의 영역에서 보이지 않게 영향을 미치게 될 것이다. 그리고 부모가 확연하게 다르게 대하는 경우가 아니더라도 첫째와 막내를 은연중에 다르게 대했기 때문에 나타나게 될 그 모든 차이를 종합한다면, 그 최종 결과는 결코 무시할 수 없는 수준이 될 수 있을 것이다.

신이 아닌 이상, 그 어떤 부모도 자녀가 출생 시에 타고난 잠재력 그 자체를 바꿀 수는 없다. 다만 부모로서 할 수 있는 최선의 길은 자녀들이 타고난 잠재력을 온전히 발휘할 수 있도록 돕는 것이다. 그러한 목표를 달성하기 위해서는 부모로서 은연중에 자녀를 '재단'하는 것을 중단해야 한다. 다시 말해 "첫째니까, 이렇게 해야 해" "둘째니까 첫째와는 달라야 해" "막내니까 이렇게 해도 괜찮아" 하는 식으로 자녀를 대해서는 안 된다는 것이다.

부모가 자녀를 재단하듯이 대하는 것이 단순히 출생 순서에만 국한되는 것은 아니다. 부모가 자녀에 대해 '남자니까' 또는 '여자니까'라고 말하는 것도 자녀의 삶에 중요한 영향을 미칠 수 있다. 부모가 '의사니까' '변호사니까' '교수니까' 'CEO니까' 당연히 자녀도 같은 길을 가야 한다고 믿는 것도 자녀의 삶에 비슷한 영향을 줄 수 있다.

세상의 그 어떤 부모도 자녀가 타고난 잠재력을 발휘하는 것을 막고 싶어 하지는 않을 것이다. 문제는 앞서 소개한 IQ 연구에서도 확인할 수 있는 것처럼, 세상의 많은 가정에서는 실제로 이런 일이 부지불식간에 그리고 비일비재하게 일어난다는 점이다. 이는 그 잠재력이 부모가 원하는 잠재력일 경우에도 해당하는 이야기일 수 있다.

삶에서 중요한 원리 중 하나는 누군가 '선의(善意)'를 가지고 있다고 해서 항상 결과가 좋은 것은 아니라는 점이다. 바로 그렇기에 자녀를 위하는 마음을 가지고 있는 부모일수록 "지옥으로 향하는 길은 '선의'로 포장되어 있다"[3]라는 격언에 귀 기울일 필요가 있다.

IQ에 대해 오해하기 딱 좋은 해석

유전과 환경이 IQ에 미치는 영향력은 '반반' 정도로 보고되고 있다.[4] 흔히들 이것을 다음과 같이 해석하는 경향이 있다. '유전과 환경이 IQ에 미치는 영향력은 비슷한 수준이며 노력을 통해 얼마든지 IQ를 바꿀 수 있다.' 그러나 자녀를 기르는 것과 관련된 정보는 신중하게 해석할 필요가 있다. 부모의 잘못된 믿음이 자녀에게 되돌릴 수 없는 결과를 초래할 수 있기 때문이다.

사실 유전과 환경이 IQ에 미치는 영향력이 '50:50'이라고 주장하는 것이 틀린 주장은 아닐지라도 '오해하기 딱 좋은 해석'에 해당한다. 실제로는 삶에서 유전과 환경의 영향력이 늘 반반 정도로 비슷하게 나타나지는 않기 때문이다.

IQ에서 유전이 차지하는 비율은 연령대에 따라 다르다.[5] 그림 11

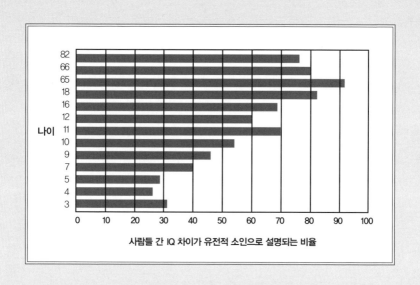

그림 11. IQ의 유전성과 나이 간 관계

이만하면 괜찮은 부모

이 보여주는 것처럼, 어린 시절에 비해 나이가 들수록 IQ에서 유전이 차지하는 비율은 증가한다. 출생 후부터 만 5세 정도까지는 아동들의 IQ 차이를 유전으로 설명할 수 있는 비율이 약 30퍼센트 수준에 불과하다. 그러나 18세 이상의 성인기에 도달하면 IQ에서 유전이 차지하는 비율은 무려 80퍼센트가 넘는다.

이처럼 인생의 초반부, 즉 출생 후부터 9세까지는 어떤 환경에서 생활하는지가 유전보다 IQ에 더 큰 영향을 준다. 그러나 10세 이후부터는 환경보다는 유전의 영향력이 상대적으로 더 커진다. 특히 18세 이상의 성인기에 이르면 환경이 IQ에 미치는 영향력은 사실상 미미한 수준으로 바뀐다. 유전이 IQ에 미치는 영향력이 80퍼센트 수준을 넘어서기 때문이다. 더구나 65세 무렵에는 유전이 IQ에 미치는 영향력이 무려 90퍼센트를 넘는다.

인생에서는 모든 시기가 다 소중하다. 그러나 누군가의 삶이 어떤 것이었는지를 상대적으로 더 잘 보여주는 것은 아동기보다는 성인기나 노년기의 모습일 것이다. 바로 이 성인기와 노년기에 사람들이 보이는 지적인 수행에서의 차이는 사실상 유전적으로 결정되는 것이나 마찬가지다. 18세에서 65세 사이에 사람들의 IQ 차이를 유전적인 차이로 설명할 수 있는 비율은 80~90퍼센트 수준이기 때문이다.

IQ에서 유전이 차지하는 비율은 사회경제적인 수준에 따라서도 큰 영향을 받는다.[6] 부유한 가정에서 자란 아이들 간 지적인 능력에서의 차이는 대체로 유전자에 의한 차이로 설명할 수 있는 반면, 가난한 가정에서 자란 아이들 간 지적인 능력에서의 차이를 유전적 요인이 설명하는 비율은 미미한 수준에 불과하다.[7] 예컨대 부유한 가정에서 자란 아동들의 경우 IQ에서의 유전계수는 0.72인 반면 가난한 가정에서 자란 아동들의 경우 IQ에서의 유전계수는 0.10이다. 유전계수는 사람들의 특성을 유전으로 설명할 수 있는 정도를 뜻한다. 유전계수가 0.70이면 해당 특성에 대해 유전이 70퍼센트의 설명력을 지닌다는 뜻이다.

정리하자면 유전과 환경이 IQ에 미치는 영향력이 '50:50' 수준이라는 말을 기계적으로 받아들여서는 안 된다. 사람들이 흔히 생각하는 것과는 달리, 유전과 환경이 IQ에 미치는 영향력은 연령대나 사회 경제적 환경에 따라 큰 차이를 보인다. 이러한 연구 결과는 부모가 자녀를 위해 해줄 수 있는 것과 해줄 수 없는 것을 구분하는 데 매우 유용하게 활용할 수 있는 시사점을 제공한다. IQ 관련 연구가 우리에게 주는 메시지를 요약하면 다음과 같다.

첫째, 자녀가 성인이 되기 전까지는 자녀의 잠재력에 대해서 과소평가해서는 안 된다는 점이다. 학업을 포함해서 어떤 분야에서든지 간에, 설사 자녀의 수행이 저조하더라도 함부로 소질이 없다고 단정을 짓고 기회를 박탈해버리거나 상처를 주지 않도록 각별한 주의가 필요하다. 우리는 아직 '대기만성형 인재(late bloomer)'를 유년기에 분명하게 식별해낼 안목을 갖고 있지 못하기 때문이다.

흔히 많은 영재가 어려서부터 두각을 나타내지만 인류 역사에는 어려서는 매우 평범하거나 오히려 평균에도 훨씬 못 미치는 모습을 보였던 인재가 수없이 등장한다. 예를 들면 마크 트웨인(Mark Twain)은 학교에서 공부하는 것을 너무나도 싫어해서 초등학교조차도 정상적으로 졸업하지 못한 채로 학업을 중단해야 했다.[8] 스티브 잡스(Steve Jobs)도 유년 시절 소문난 말썽꾸러기였을 뿐만 아니라, 대학도 중퇴했다.[9]

앞서 소개한 형제들의 IQ를 비교한 자료가 주는 메시지를 기억하기 바란다. 자녀의 잠재력에 대한 과소평가는 부모 자신도 모르는 사이에 일어날 수 있기 때문에 더더욱 각별히 주의해야 한다. 특히 사회경제적인 수준이 상대적으로 낮은 가정에서 자라난 자녀의 잠재력을 평가할 때는 더욱더 세심한 주의가 필요하다. 성인이 되기 전까지는 그러한 자녀의 잠재력에 대해서 결코 과소평가해서는 안 될 것이다.

둘째, 18세 이후의 성인기부터는 개인의 잠재력에 대해 과대평가해서는 안 된다는 점이다. 18세부터는 단순히 노력을 한다고 해서 개인의 역량 문제가 해결되지는 않는다. 18세 이후부터는 적어도 진로 문제와 관련해서 '하면 된다'라는 정신에 집착하기보다는, 너무 늦지 않은 시기에 자신에게 잘 맞는 일을 찾는 것이 중요하다.

부모로서 자녀를 위해 해줄 수 있는 최선의 일은 자녀가 성인이 되기 전까지는 잠재력을 실현할 기회를 최대로 보장해주기 위해 노력하는 동시에, 성인기에는 잠재력과 잘 맞는 '소명의식'을 갖고서 살아갈 수 있도록 돕는 것이다. 우리는 재능을 갖고 태어나더라도 생애 초기에는 어떤 환경에서 생활하는지에 따라 잠재력을 발휘할 기회를 얻지 못할 수도 있다. 특히 이러한 문제와 관련해서 한국 사회는 경고등이 들어온 상태다.

최근 우리 사회는 사회적 계층 이동을 위한 사다리가 무너지는 등 사회경제적 불평등 문제가 심화되고 있다.[10] 사회적 불평등 연구로 유명한 경제학자 토마 피케티(Thomas Piketty)가 고안한 '피케티 지수'의 경우, 한국은 2017년 7.9, 2018년 8.1 그리고 2019년 8.6으로 상승폭이 갈수록 커지는 추세다. 독일의 4.4, 미국의 4.8, 프랑스의 5.9 그리고 일본의 6.1보다 훨씬 높은 수준이다. 피케티 지수는 높을수록 사회적 불평등이 심각하다는 뜻이다.

이처럼 사회적 불평등의 문제가 심각하다 하더라도, 우리 사회에서는 신분제 사회처럼 개인이 잠재력을 실현할 기회가 완전히 차단된 것은 아니다. 특히 노년기까지 충분한 시간이 주어지는 경우, 개인이 잠재력을 발휘할 기회가 최소한의 수준으로는 주어지는 편에 속한다. 따라서 시대를 앞서간 천재이거나 예기치 않은 사고로 기

　　　　　　　　　　　　　　　이만하면 괜찮은 부모

능이 손상되지 않는 한, 노년기에 이르러서는 잠재력이 실현되지 못한 것에 대해서 세상을 탓하기는 어려울 것이다.

그런데 IQ 문제와 관련해서 한 가지 주의해야 할 점이 있다. 앞서 소개한 내용 중 자신의 구미에 맞는 일부 내용만 취해서는 안 되고 반드시 전체 내용을 주의 깊게 고려해야 한다는 점이다. 부모로서 자녀가 잠재력을 펼칠 기회를 주기 위해 노력하는 것과, 사회적으로 유망한 분야라는 이유로 은연중에 자녀와 잘 맞지 않는 길을 가도록 자녀에게 압력을 가하는 것을 혼동하면 안 된다. 외견상, 아동기에는 자녀에게 좋은 환경을 제공해줌으로써 자녀의 지적인 수행을 향상시키는 것이 가능해 보이기도 한다. 그러나 그렇게 함으로써 실제로 변하는 것과 그렇게 했는데도 결코 변하지 않는 것이 무엇인지를 지혜롭게 구분할 필요가 있다.

예를 들면 자녀에게 좋은 환경을 제공해줌으로써 자녀의 학업 성적이 지적인 잠재력에 부합하는 수준에 도달하도록 돕는 것은 충분히 가능할 수 있다. 또 자녀가 양질의 교육을 받도록 해 자녀의 IQ가 타고난 잠재력의 최대치 수준으로 발현되도록 도울 수도 있다. 이러한 것들은 기본적으로 좋은 부모의 역할에 해당한다.

그러나 좋은 여건을 제공해줌으로써 외견상 자녀의 시험 점수나 IQ 점수상 숫자를 올린다고 해서, 그러한 노력이 자녀에게 항상 긍정적인 결과를 낳는 것은 아니다. 편의상 IQ를 예로 들어보자. 전통적으로 IQ가 130 이상인 경우 영재로 간주한다.[11] 물론 오늘날 영재성 진단을 위해서는 IQ 이외에도 창의성 등 여러 요인을 동시에 고려한다.

보통 IQ 검사에서는 검사를 반복해서 받을수록 점수가 상승하는 경향이 있다. 그래서 IQ 검사와 유사한 테스트로 충분히 훈련받거나 IQ 검사를 여러 차례 반복해서 받으면, 평범한 아이도 IQ 검사에서 130 이상의 점수를 받을 수 있다. 이처럼 IQ뿐만 아니라 영재성 판별에 영향을 주는 많은 조건, 다시 말해 영재학교 입학 조건들의 많은 부분은 연습을 통해 수행을 향상시키는 것이 어느 정도까지는 가능하다.

만약 어떤 학생이 처음에는 IQ가 130이 넘지 않았지만 이런 노력을 통해 IQ 점수를 올려 영재학교에 입학했다고 가정해보자. 이처럼 일반적으로 기대되는 것 이상으로 노력을 들이거나 교육적 혜택을 받음으로써 자녀가 타고난 지적인 잠재력을 넘어서는 곳에 가서 생활하게 될 경우, 자녀의 인생에서는 어떤 일이 일어나게 될까?

미국 명문대학을 입학한 한국인 학생들의 학업 수행 양상을 조사한 연구 결과는 이러한 문제와 관련해서 흥미로운 시사점을 준다. 그 연구 결과에 따르면, 1985년부터 2007년까지 하버드나 예일 등 세계적인 명문대학에 입학한 한국인 학생 1400명 중 56퍼센트인 784명만이 졸업한 것으로 나타났다.[12] 중퇴율이 무려 44퍼센트에 달했던 것이다. 이러한 기록적인 중퇴율은 유대계 학생들의 12.5 퍼센트, 인도계 학생 21.5퍼센트, 중국계 학생 25퍼센트와 비교하면 매우 높은 수준이다.

이러한 연구 결과는 두 가지 시사점을 제공한다. 첫째, 학부모가 자녀에게 공부하는 데 적합한 환경을 만들어줄 경우, 자녀가 자신의 지적인 잠재력을 넘어서는 수준의 좋은 대학에 입학하도록 돕는 것은 가능하다는 점이다. 둘째, 학사 관리가 철저한 명문 대학을 기준으로 할 경우, 일부 학생들이 자신의 지적인 잠재력을 넘어서는 대학에 합격하더라도 결국에 가서는 해당 대학의 졸업 관문을 통과하기가 상당히 어렵다는 것이다.

자녀가 할 수 있는 일을
실제로 해낼 수 있도록 돕기

어떤 학부모는 이러한 설명을 듣고서 다음과 같이 말하기도 한다. "한국의 대학들처럼 입학하기만 하면 사실상 졸업하는 것이 크게 문제되지 않는 경우에는, 지적인 잠재력과 무관하게 일단 좋은 대학에 입학하고 보는 것이 좋은 것 아닌가?"

2018년에 전국 고등학교의 재수생 비율은 약 20퍼센트였지만, 서울 강남의 대표적인 8학군 고교 중 한 곳에서는 재수생 비율이 무려 73퍼센트에 달하는 것으로 나타났다.[13] 사실, 이러한 현상의 이면에는 한국의 대학교육 시스템상에서 개선이 필요한 부분도 분명히 존재한다. 2020년에 한국장학재단이 전국의 대학생 128만 명을 대상으로 조사한 소득 구간별 국가장학금 신청 현황 자료는 이러한 문제와 관련해서 매우 중요한 시사점을 던진다.[14]

2020년에 국가장학금을 신청한 서울대·고려대·연세대(소위 SKY대학) 재학생의 56.6퍼센트는 연간 가계소득 수준이 1억 1,000만원 이상에 속하는 8~10구간 가정의 자녀였다. 이에 반해 기초 또는 차상위 가정 출신은 5.8퍼센트에 불과했다. 따라서 고소득층 자녀는 가계소득 최하위층 자녀에 비해 SKY 대학에 입학할 기회를 약 9.8배 더 많이 받는 셈이다. 또 2020년에 장학금을 신청한 의대생 중 8~10구간 가정의 비율은 62.2퍼센트였다. 대조적으로 기초 또는 차상위 가정 출신 의대생은 2.4퍼센트에 불과했다. 따라서 고소득층 자녀는 가계소득 최하위층 자녀에 비해 의과 대학에 입학할 기회를 약 26배 더 많이 받는 셈이다. 문제는 우리 사회에서 소위 명문대생과 의대생 중 고소득층 출신이 차지하는 비율이 계속해서 늘어나고 있다는 사실이다.

SKY 대학과 의대 재학생 중 고소득층 자녀의 비율이 뜻하는 바는 한국의 대학입시에 부모의 경제력이 비정상적인 영향을 주고 있으며, 적성 또는 잠재력과 무관하게 부모의 경제력 덕분에 SKY 대학과 의대에 진학하는 학생의 수가 이례적으로 많다는 점이다. 대조적으로 가계소득 최하위층 자녀의 경우에는 적성과 잠재력과 무관하게 부모의 경제력 때문에 SKY 대학과 의대에 진학할 기회가 상대적으로 적게 주어진다는 점이다. 이러한 현상이 사회적으로 문제가 되는 이유로는 다음 두 가지를 들 수 있다.

첫째, 부모의 경제력 덕분에 자신의 지적 잠재력을 넘어서는 대학에 진학한 학생은 이후 평생 자신과는 잘 맞지 않는 옷을 입었을 때의 거북한 느낌 속에서 세상을 살아가게 될 수밖에 없다는 점이다. 이러한 문제점은 설사 그 학생이 대학을 무사히 졸업하더라도 여전히 남게 된다.

예를 들면 자신의 지적인 잠재력을 넘어서는 대학을 졸업한 학생은 동기생들과 좋은 회사에 취업하는 목표를 두고서 경쟁해야 한다. 사회적인 비교가 이루어지는 상황에서는 동기생들보다 상대적으로 낮은 목표를 정하기는 어렵기 때문이다. 또 어떻게든 입사를 하더라도 평생 대리, 과장, 차장, 부장, 임원 등의 승진을 놓고 오랫동안 계속 경쟁해야 한다.

문제는 시간이 흐를수록 이러한 경쟁이 개인에게 주는 부담감이 더 커진다는 점이다. 자신의 적성이나 잠재력과 잘 안 맞는 업무를 담당하는 경우, 동료에 비해 늘 경쟁에 뒤처지는 수준의 인사고과를 받으면서 살아가야 하는 데다가, 올라갈수록 더욱더 좁은 문이 될 수밖에 없는 구조에서 생활해야 하기 때문이다.

이처럼 자신이 있어야 할 곳이 아닌 곳에서 부적절한 기분을 경험하면서 생활하는 사람은 스스로 만족해할 만한 일에는 도전할 기회조차 얻지 못하게 된다. 또 항상 자신의 잠재력을 넘어서는 수준의 목표에 부딪혀야 한다는 강박관념에 시달리다가, 결국은 도전

이만하면 괜찮은 부모

하더라도 실패와 좌절을 경험할 수밖에 없다. 설사 운 좋게 몇 차례 위기는 잘 넘기더라도, 30년 정도의 기간 동안 적어도 한 번만이라도 직장에서 합리적이고 정확한 절차에 따라 역량평가가 이루어진다면 결국 좌절하게 될 것이다. 그러므로 인사관리 시스템이 정상적으로 작동한다면, 언젠가는 좌절할 수밖에 없는 이러한 삶은 출발부터 비극을 안고 있는 셈이다.

그런데도 자녀가 이러한 길을 걸어가기를 희망하는 부모가 있다면 반드시 정직하게 자문해야 한다. 과연 그 힘든 가시밭길을 자녀가 평생 걸어가기를 바라는 것이 부모를 위한 것인지, 아니면 진정으로 자녀를 위한 것인지를 말이다. 자녀의 행복을 바란다고 하면서 자녀가 이런 가시밭길을 걸어가기를 바라는 것은 적어도 심리학적으로는 어불성설(語不成說)에 해당한다.

오해를 피하기 위해 첨언하자면, 이 글의 요지가 어떠한 경우에도 재수를 해서는 안 된다는 것은 아니라는 점에 유념하기 바란다. 이 글의 요지는 적어도 자녀가 재수를 선택하는 것이 부모의 압력에 따른 것이어서는 안 된다는 것이다. 자녀가 '진정으로 원하는 경우' 기회를 주기 위해 노력하는 것은 부모로서 자연스러운 일이다. 그러나 전국 고등학교의 재수생 비율이 약 20퍼센트인 상황에서 서울 강남의 대표적인 8학군 고교 중 한 곳에서 재수생 비율이 무려 73퍼센트에 달한다는 것은, 자녀들이 진로를 직접 선택하는 것이 아니라, 은연중에 어떤 식으로든지 정해진 방향으로 선택을 강요받고 있을 가능성을 보여준다.

둘째, 부모의 경제력 등 불리한 환경 요인 때문에 세상에서 자신의 지적인 능력을 발휘할 기회를 얻지 못한 학생은, 그러한 기회를 붙잡을 때까지 울분을 달래면서 인고의 시간을 보낼 수밖에 없다는 점이다. 이러한 경우에도 성인기에서 노년기에 이르는 사이에 적어도 한 번은 사회에게서 재능을 인정받을 기회가 주어질 가능성은 있다. 그러나 그 오랜 시간 동안 우리 사회는 인적 자원을 효과적으로 활용하지 못한 채로 운영되는 문제점을 드러내게 된다.

결국 자신의 잠재력을 초과하는 자리에 가 있건 아니면 잠재력에 미치지 못하는 곳에 가 있건 간에, 분명한 것은 양쪽 당사자들 모두 '불행한 삶'을 살 수밖에 없다는 점이다. 동시에 사회적으로도 인재를 적재적소에 배치하지 못한다는 점에서 '비효율성' 문제가 발생할 수밖에 없다.

지금까지 소개한 내용들을 정리해보자면 다음과 같다. 첫째, 부모가 자녀를 위해 해줄 수 있는 최선의 일은 '자녀가 타고난 잠재력을 온전히 발휘할 수 있는 가정 내 분위기를 제공해주는 것'이다. 이를 위해서 부모는 자녀가 첫째든 둘째든 막내든 간에 늘 첫째처럼 대해줄 필요가 있다. 다시 말해 첫째만이 아니라 모든 자녀를 집에서 가장 중요한 기둥이고 가장 큰 기대주며 가장 믿음직스러운

이만하면 괜찮은 부모

자녀로 대하는 것이다. 또 남자아이든 여자아이든 그리고 부모의 직업이 무엇이든, 가정의 사회경제적 수준이 어떻든지 간에 아이가 성장해 나갈 기회를 처음부터 제한하거나 부모의 기대에 맞는 특정 방향으로 유도하는 것은 바람직하지 않다.

사실 '부모가 자녀에게 줄 수 있는 최고의 선물 중 하나는 자녀가 할 수 있는 일을 실제로 해낼 수 있도록 늘 곁에서 함께해주는 것'이다. 그 과정에서 때로는 힘찬 격려와 지지가 필요할 수도 있고 때로는 따뜻한 위로와 배려가 필요할 수도 있다. 이때 부모가 자녀에게 꼭 들려주어야 할 말 중 하나는 '믿는다!'라는 한마디일 것이다. 그 어떤 어려움도 헤쳐 나갈 것이고 나아가 언젠가는 자신만의 길을 찾아갈 것이라는 점을 말이다.

만약 현재 부모로서 자녀에게 믿음을 주고 있는지 여부가 궁금하다면 한번쯤은 직접 물어보아도 좋겠다. 이만하면 괜찮은 부모가 되는 데 도움을 주는 시사점을 얻을 수 있기 때문이다.

우리 부부는 딸이 고등학생일 때 다음과 같이 질문한 적이 있다. "엄마, 아빠가 너를 믿는 것 같아?" 그러자 우리 아이는 이렇게 답했다. "그야 당연히 믿겠지. 단, 내가 내일 내 방을 깨끗하게 치우겠다고 말할 때만 빼고서. 내가 무슨 일이든지 잘 헤쳐나갈 거라는 걸 엄마 아빠가 믿는다는 걸 알아. (조금 으스대면서) 흠… 나에 대한 믿음이랄까."

둘째, 부모가 제아무리 자녀를 깊이 사랑하더라도 '자녀가 타고난 잠재력을 초과하는 수준으로 성장할 수 있도록 돕는 것은 사실상 불가능하다'는 것이다. 미국 명문대학에서의 한국인 학생 중퇴율 자료가 보여주듯이, 후천적인 노력을 통해 학생의 잠재력과 맞지 않는 곳에 억지로 도달하더라도 결국 언젠가는 진실이 드러나기 마련이다. 만약 자신이 있어야 할 곳에 있지 않았던 학생이 어떻게든 진실을 감춘 채로 오랫동안 계속해서 나아갈 수 있다면, 그것만으로도 그 사회는 시스템이 정상적으로 작동하지 못하는 병든 사회라는 징표가 될 것이다. 더불어 그 학생 자신도 평생 자신이 제자리에 있지 않은 듯 부적절한 감정 속에서 불행하게 살아가게 될 것이다.

셋째, '여러 가지 생활고 때문에 부모로서 자녀가 잠재력을 온전히 펼칠 수 있도록 충분히 뒷받침을 해주지 못한다고 해서 자괴감을 지나치게 느낄 필요는 없다'는 점이다. IQ 관련 자료가 보여주듯이, 비록 성인이 되기 전까지 사회적으로 혜택과 기회를 적게 받은 사람도 잠재력을 실현하기 위한 노력을 지속하기만 한다면, 성인기 이후에는 기회를 얻을 수 있을 것이기 때문이다. 물론 사회적 불평등 문제가 개인이 잠재력을 실현하는 데 영향을 크게 주지 않는다는 뜻은 아니다. 이러한 사회구조적인 문제는 거시적인 관점에서 정책적으로 반드시 개선이 필요하다.

다만 이처럼 사회경제적으로 불리한 조건에서 생활하는 학생일수록 자녀가 잠재력을 실현하는 데 부모의 역할이 더욱더 중요하다는 점을 강조하고자 한다. 여기서 말하는 부모의 역할은 바로 '자녀가 스스로의 능력에 대한 믿음을 간직할 수 있도록 심리적으로 지원해주는 것'이다.

자녀는 부모가 믿어주는 것만큼 자란다!

자녀가 평생 스스로에 대해 간직하게 될 믿음을 처음으로 선물해주는 사람은 부모가 된다. 기본적으로 믿음은 '관계의 정서'다. 따라서 어떠한 경우에도 믿음은 홀로 생겨나지 않는다. 믿음은 오직 다른 사람과 함께 할 때만 탄생할 수 있는 긍정 정서다.

부모의 사회경제적 수준이 어떻든지 간에 부모가 자녀를 위해 해줄 수 있는 최선은 정해져 있다. 자녀가 할 수 없는 일을 하도록 등을 떠밀거나 보이지 않는 장벽으로 자녀의 앞길을 가로막아 할 수 있는 일조차 제대로 해낼 수 없도록 만드는 것이 아니라, '자녀가 할 수 있는 일을 실제로 해낼 수 있도록 돕는 것'이다. 그리고 이것을 실천하는 가장 좋은 방법이 바로 자녀에게 믿음을 선물하는 것이다.

《밤비, 숲속의 삶》에는 아이는 부모가 믿어주는 것만큼 자란다는 사실을 잘 보여주는 장면이 나온다. 갓 태어났을 때의 일이다. 밤비는 엄마 배 속에서 막 빠져나온 후 몸을 바들바들 떨었다. 그 후 밤비는 어설프게 다리를 펴고서 땅을 짚었다. 이어서 비틀거리면서 안간힘을 쓴 끝에 간신히 일어서지만, 곧 밤비는 털썩 주저앉고 말았다. 그러자 엄마는 밤비를 토닥이며 이렇게 말했다. "서두르지 않아도 돼, 밤비. 엄마는 너를 믿는단다."[15] 그러자 밤비는 다시 시도하게 되고 마침내 혼자 일어선 다음 엄마를 향해 기쁨의 미소를 지었다.

훗날 아빠도 밤비에게 숲에서 생활하는 법을 자세히 전수해준다. 몸을 숨기기 좋은 곳, 먹을 것이 많은 곳, 아플 때 먹는 약초, 싸울 때 뿔을 쓰는 법 등. 나중에 이별의 순간이 찾아왔을 때, 아빠는 밤비에게 이렇게 말한다. "밤비야, 이제 나는 너에게 가르칠 것이 별로 없구나. 나머지는 너 스스로 찾으면 된단다. 너를 믿는다. 너는 해낼 거야."[16]

부모가 자녀에게 선물해줄 수 있는 믿음은 다양하다. 그중에서 가장 중요한 것은 바로 '기본적 신뢰(basic trust)'다. 이러한 개념을 살펴보기 위해 먼저 두 가지 사고실험을 해보자. 사고실험은 머릿속으로 여러 실험조건에 대해 결과를 추론해보는 일종의 생각실험이다. 이번 실험은 인간의 본성에 대해 어떤 생각을 갖고 있는지를 살펴보기 위한 것이다.

　첫 번째 사고실험은 IQ와 행복의 관계에 관한 것이다. 먼저, 현재 내 IQ가 얼마이든지 간에 하룻밤을 자고 났더니 내 IQ가 200이 되었다고 가정해보자. 앞서 말한 대로 평균 IQ는 100이다. 나의 외모를 포함해서 모든 것은 그대로인데 오직 IQ만 200으로 바뀐 것이다. 만약 이런 일이 일어난다면 내가 행복해지는 데 그러한 변화가 도움이 될지에 대해 생각해보라. 단, 편의상 '도움이 된다' 또는 '도움이 안 된다' 둘 중 하나를 선택하기 바란다. 그리고 둘 중 어느 쪽을 선택하든지 간에 왜 그렇게 생각하는지 그 이유에 대해서도 생각을 정리해보기 바란다.

　두 번째 사고실험은 IQ가 200인 자녀의 진로에 관한 것이다. 사고실험이지만 실화에 바탕을 둔 것이기도 하다. 당신의 자녀가 어려서부터 세계적인 명성을 얻은 천재라고 가정해보자. 유년 시절 전문가에게서 IQ가 200 이상이라는 평가를 받았고 그 결과 기네스북에 세계 최고의 천재 중 하나로 등재되기도 했다. 천재로 전 세계 언론의 주목을 받으면서 생활하던 어느 날, 자녀가 사춘기에 접어들면서 갑자기 앞으로는 천재로 살아가는 것을 그만두겠다고 선언한다. 예를 들면 수학 천재가 수학 공부를 포기하고 그저 남들처럼 평범한 인생을 살겠다고 선언하는 것이다, 이럴 때 부모로서 어떻게 하겠는가? 구체적으로 자녀에게 어떤 말을 들려주겠는가?

이 두 가지 사고실험은 외견상 별개 문제로 보이지만 사실은 동전의 앞뒷면처럼 상호 연관된 문제다. 따라서 하나의 퍼즐을 풀고 나면 나머지 하나도 자연스럽게 풀릴 수 있다.

첫 번째 사고실험의 경우 심리학적인 관점에서 본다면 대답은 '도움이 안 된다'이다. 여기서 중요한 점은 그 이유가 무엇이냐는 것이다. 만약 IQ가 200이 된다면, 당연히 살아가면서 기분 좋은 일이 무척 많이 생길 것이다. 자연스럽게 주변은 내 능력에 대해 칭찬과 감탄을 연발하는 사람들로 채워질 것이고 그러한 이들 중에는 스스럼없이 내 부탁을 들어주는 사람도 무척 많을 것이다. 그런데 인간 본성 중 하나는 이러한 경험을 하는 사람은 적어도 한 번은 다음과 같은 질문을 스스로에게 던지는 순간이 찾아온다는 것이다. "과연 저 사람들은 나를 좋아하는 것일까 아니면 단지 내 재능을 좋아하는 것일 뿐일까?"

문제는 대부분의 경우 그 답을 쉽게 확인할 수 있다는 데 있다. 내 곁에 있는 사람들이 나 자신이 아니라 나의 재능을 좋아하는 것일 뿐이라는 생각이 드는 순간, 그 이전까지 그러한 사람들이 내게 주었던 즐거움은 모두 사라져버리게 된다. 한마디로 사람들의 관심과 애정이 '별것 아닌 것' 즉 거품 같은 것이 되어버린다. 행복한 삶을 위해서는 '다수의 거품 같은 사람들'보다는 나 자신을 있는 그대로 아껴주는 '소수의 사랑하는 사람들'이 더 중요한 법이다.

두 번째 사고실험과 관련해서는 정트리오의 어머니인 이원숙의 일화를 참고할 만하다. 이원숙 여사는 세계적인 클래식 음악가인 정명화(첼로), 정경화(바이올린), 정명훈(피아노, 지휘자)을 길러냈다. 여사는 6·25 때 부산으로 피난을 가면서도 자녀들의 음악 교육을 위해 이삿짐에 피아노를 짊어지고 갔던 전설적인 일화를 남기기도 했다.[17]

정경화는 13세 때 줄리어드 음악원에 장학생으로 입학한 후 1967년 레벤트리트(Leventritt) 콩쿠르에서 이후 세계적인 거장인 된 핀커스 주커만(Pinchas Zukerman)과 공동우승을 했다. 그리고 1970년에 런던에서 데뷔한 다음부터 정경화는 숨 막히는 일정을 소화해야 했다.[18] 40도의 고열이 오른 상황에서도 무대에 올라야 했고 맹장염 진단을 받고도 약을 먹어가며 투어를 마쳐야 했다.

그러던 와중에 정경화는 너무나 숨이 막혀서 못 견디겠다면서 엄마에게 폭탄선언을 했다. 울면서 "엄마 나 도저히 못하겠어요"라고 말한 것이다.[19] 정경화에 따르면, 이 말을 들은 엄마는 1초의 망설임도 없이 "오, 그만두자! 애, 우선 네가 살고 봐야지. 지금까지 이만큼 했으면 됐으니까 이제 더 할 필요 없어"라고 말했다고 한다.

아마도 유사한 상황에서 많은 부모는 다음과 같은 방식으로 말할 것이다. "애, 내가 이날 이때껏 너를 위해 뒷바라지를 어떻게 했는데, 내가 6·25 때 피난 가면서도 피아노를 짊어지고 갔던 사람인데 이제 와 네가 때려치우겠다고 하면 나는 어쩌란 말이냐." 또는

이만하면 괜찮은 부모

"지금은 잠깐 힘들겠지만 막상 그만두면 더 후회하게 될게다."

그러나 세계 정상급 연주자로 평가받던 정경화가 바이올린을 그만두겠다고 폭탄선언을 하는 것 같은 순간이 바로 '기본적 신뢰'가 필요한 상황인 것이다. 첫 번째 사고실험과 두 번째 사고실험의 연결고리 역할을 하는 것도 바로 기본적 신뢰 문제다. 세상의 모든 자녀에게 가장 필요한 믿음 중 하나는 세상 사람 중 적어도 한 사람 이상은 내 재능이 아니라 나 자신을 더 사랑하고 있음을 확신하는 것이다. 만약 기본적 신뢰의 문제가 해결되지 않으면 인간은 그것을 인생의 최우선 과제로 삼게 된다. 다시 말해 부모 또는 누군가의 사랑을 두고서 자신의 재능과 대결을 벌이게 된다.

재능이 이기는지, 아니면 내가 이기는지를 가리는 '슬픈 결투'를 벌이는 경우 결과를 예상하기는 그다지 어렵지 않다. 물론 대부분의 경우에는 나의 재능이 아니라 내가 승리한다. 의식적으로든 아니면 무의식적으로든지 간에 재능을 안 쓰기로 결심하면 되기 때문이다.

만약 객관적인 자료상 자녀가 분명히 재능을 가지고 있는데 그러한 잠재력을 제대로 발휘하지 않는 듯한 인상이 든다면, 십중팔구 기본적 신뢰의 문제와 관계가 있을 것이다. 인간은 본질적으로 부모님의 사랑을 두고서 재능과 결투를 벌였을 때 재능에게 무릎을 꿇는 듯한 치욕을 경험하는 것은 도저히 견뎌내지 못하는 존재이기 때문이다.

　이러한 점은 사람들의 애정과 관심을 두고서 자신의 재능과 대결을 벌였을 때도 마찬가지다. 물론 사회생활을 하면서 부모님처럼 재능보다는 있는 그대로의 자기 모습을 더 사랑해주는 누군가를 많이 만나면 만날수록 행복해지는 데 도움이 될 것이다. 다만 그 첫걸음은 부모가 되어야 한다. 바로 그렇기에 부모가 자녀에게 줄 수 있는 가장 좋은 선물을 믿음이라고 하는 것이다.

• 7장 •

자녀의 성숙을 위해
필요한 선물, 용서

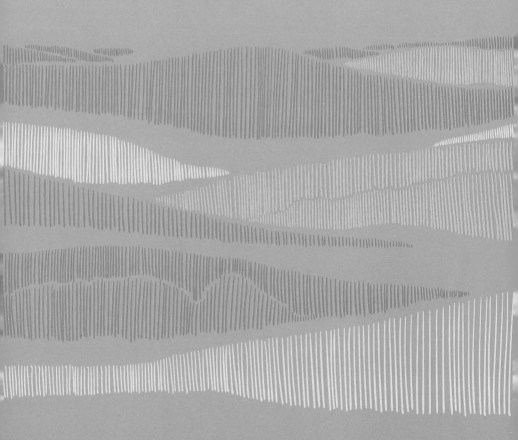

2011년《내셔널 지오그래픽(National Geographic)》에 '십대들의 뇌'에 관한 흥미로운 기사가 게재된 적이 있다.[1] 그 기사를 작성한 과학기자 데이비드 돕스(David Dobbs)는 사춘기 자녀에 관한 경험담을 다음과 같이 소개했다.

어느 날 그는 17살이 된 아들이 고속도로에서 시속 182km로 과속을 해서 경찰서로 인계되었다는 연락을 받았다. 아들은 잘못의 대부분을 깨끗이 인정했다. 그러나 한 가지는 절대로 받아들일 수 없다면서 분개했다. 바로 '부주의한 운전'을 했다는 평가를 받은 부분이었다. 아들이 경찰의 이러한 평가에 분개한 이유는 이러했다. 자신은 고속도로에서 매우 집중해서 운전했으며 결코 부주의하게 운전하지 않았다는 것이었다. 아들은 자신이 사려 깊게 대낮에 차들이 별로 안 다니는 도로를 골라 시야를 충분히 확보하고서 집중한 상태에서 운전했다고 주장하면서, 부주의하게 운전했다는 평가를 받은 것을 매우 억울해했다.

인류 역사에서 청소년은 늘 한결같은 모습이었다. 약 2,500년 전에 소크라테스(Socrates)는 다음과 같이 말했다. "요즘 아이들은 마치 폭군 같습니다. 그들은 연장자들이 방에 들어올 때 이제는 더는 일어나지 않습니다. 부모에게 반항하고, 행사 때 수다를 떨며, 음식을 게걸스럽게 먹고, 선생님들에게 횡포를 부립니다."[2]

이만하면 괜찮은 부모

그림 12. 어느 청소년의 신중한 과속 운전

르네상스 시대의 인문학자 에라스무스(Desiderius Erasmus)는 《우신예찬》에서 "정신이 신체기관을 적절히 통제하기만 하면, 온전한 상태"로 볼 수 있다고 주장했다.[3] 이러한 기준을 적용하는 경우 청소년의 정신은 신체기관을 적절히 통제하고 있는 것처럼 보이지는 않는다. 어른들 눈에 사춘기는 '변화와 위반을 위한 시간'처럼 보인다. 이처럼 청소년이 보이는 모습은 마치 우리에게 혼돈을 만들어내는 파괴적인 본능이 존재하는 듯한 인상을 준다.

1953년, 미국의 연방수사국(FBI) 국장 에드거 후버(J. Edgar Hoover)는 "앞으로 청소년 범죄의 수가 끔찍하게 증가할 것"이라고 경고했다.[4] 적어도 이 예언은 오늘날까지도 유효한 것으로 보인다. 최근 10년간 한국의 소년 범죄 유형별 현황을 살펴보면 강력범죄가 지속 증가하는 것으로 나타났다.[5] 특히 소년의 강력범죄 중 성폭력 범죄가 차지하는 비율이 2009년 약 49퍼센트에서 2018년 약 90퍼센트로 급격히 증가했다. 또 미국의 경우 15세에서 19세 사이의 사망률은 5세에서 14세 사이의 사망률보다 약 3배 높다.[6] 2019년 기준으로 했을 때, 이러한 점은 한국도 마찬가지다. 15세에서 19세 사이의 사망률이 5세에서 14세 사이보다 약 2.9배 더 높다.[7]

전통적으로 사람들은 청소년의 비행과 부적응 문제가 사회경제적 수준과 밀접하게 관계가 있다고 생각해왔다. 다시 말해 사회경제적 수준이 낮은 가정에서 청소년 비행 문제가 더 많이 발생한다는 것이다. 그러나 현실의 문제가 그렇게 단순하지만은 않다. 청소년 비행 문제의 경우, 부유한 가정의 청소년과 가난한 가정의 청소년은 차이보다는 유사점이 더 많다.[8] 이러한 점은 청소년이 보이는 혼란과 방황의 이면에 심리적인 문제가 함께 영향을 미치고 있을 가능성을 시사한다.

오랫동안 어른들은 청소년의 행동을 그저 문제로만 인식하는 경향이 있었다. 그러나 심리학 연구가 진행될수록 청소년기는 매우 기능적인 동시에, 적응적인 모습을 보이는 시기라는 점이 분명하게 드러나고 있다.

미국의 국립건강연구원(NIH: National Institute of Health)의 프로젝트에 따르면, 인간의 뇌는 청소년기에 엄청난 재편성 과정을 겪는 것으로 나타났다.[9] 보통 한 사람이 6살이 될 때쯤에는 외형상 이미 성인의 뇌 전체 크기의 90퍼센트 수준에 이르게 된다. 그러나 사춘기를 거치면서 뇌는 내부적으로 신경계의 연결망이 업그레이드되는 형태로 광범위한 리모델링을 겪는다. 그 과정에서 주로 많이 사용하는 시냅스(신경세포 간 연결 부위)들은 더욱 강화되고 상대적으로 쓸모가 없는 시냅스들은 약화한다. 즉, 시냅스에서 가지치기가 이루어져 뇌 전체가 훨씬 더 정교한 기관으로 변하게 되는 것이다.

전체적으로 청소년의 뇌는 바람직한 방향을 향해 나아가지만 문제는 처음에는 서툴게 기능한다. 청소년은 시행착오 경험을 통해 뇌에서 새롭게 형성된 네트워크를 사용하는 법을 배워나가야 한다. 그런데 청소년은 성인에 비해 상대적으로 행동의 결과를 모니터링하고 오류를 발견하며 계획을 세우고 집중력을 유지하는 뇌 영역을 더 적게 사용하는 경향이 있다.

한 실험에서 십 대들에게 화면에 갑작스럽게 나타나는 불빛을 바라보지 말고 시선을 외면하도록 요청했다.[10] 이후 실험 참여자들의 눈 움직임을 추적하면, 십 대들은 성인에 비해 상대적으로 봐서는 안 되는 불빛을 보고자 하는 유혹에 더 쉽게 굴복하는 모습을 보인다. 이 과제는 불빛이 자연스럽게 실험 참여자의 관심을 끌기 때문에 제법 어려운 과제라고 할 수 있다. 이 과제를 제대로 수행하기 위해서는 새로운 정보에 관심을 기울이는 정상적인 욕구와 금지된 것에 대한 호기심 두 가지를 모두 통제할 수 있어야 한다. 그러나 이 실험에서 청소년들은 금지된 자극에 대해 성인보다 더 충동적으로 반응하는 모습을 보였다.

청소년들이 보여주는 흥미로운 점 중 하나는 그들이 특히 또래의 영향을 많이 받는다는 점이다.[11] 청소년들은 또래들에게 인정받는 것에 특별한 의미를 부여하는 동시에 배척받는 경우 커다란 상처를 받는다.

한 실험에서 청소년에게 기능적 자기공명영상(fMRI) 장치에 누워서 운전 시뮬레이션 과제를 수행하도록 했다. 이러한 과제에서는 교차로에서 신호등이 노란색에서 빨간색으로 바뀌기 직전에 멈추지 않고 속도를 내 주행을 하면 주행 시간을 절약해 결과적으로 더 많은 점수를 얻을 수 있다. 성인과는 달리, 이 과제를 수행하는 청소년들은 또래들이 자신을 지켜보고 있다고 생각할 때는 위험을 감수하는 선택을 할 가능성이 더 증가했다. 그리고 이러한 선택을 할 때 청소년의 뇌 속 보상 시스템이 더 활성화되었다.

청소년들에게 경고해봐야 소용없는 이유

중요한 점은 청소년들이 위험을 과소평가하기 때문에 무모한 것이 아니라는 점이다. 그들은 위험성에 대해서는 성인만큼이나 잘 인식하는 것으로 나타났다. 따라서 청소년의 위험한 행동에 대해서 어른이 위험에 초점을 맞추어 경고하는 것은 그다지 효과적인 방법이 아니다. 일반적으로 청소년들은 위험한 활동이 가져다주는 보상을 과대평가하기 때문에 다른 연령대보다 자신의 무모한 활동들에 더 큰 의미를 부여한다.[12] 다시 말해 청소년들은 성인들보다 보상을 상대적으로 더 중시하는 것이다. 청소년의 뇌 속 보상 센터는 어린이나 성인보다 훨씬 더 활발하게 활동한다. 삶에서 첫사랑이 강렬하게 느껴지는 이유가 바로 여기에 있다.

청소년기에 뇌의 보상 센터가 활발하게 활동하는 것은 도파민의 작용과 밀접한 관계가 있다.[13] 도파민은 사자가 먹이를 눈앞에 두고 있는 것 같은 상황에서 활발하게 분비되는 신경전달물질로서, 보상을 가져다주는 활동을 실제로 수행할 수 있도록 동기를 자극하는 역할을 한다. 청소년기에는 신경계의 발달이 왕성하게 이루어지기 때문에 그에 따라 도파민 분비 수준도 증가한다. 그 과정에서 청소년은 위험한 활동이 주는 보상을 과대평가하는 반면, 그러한 활동에 뒤따르는 위험에 대해서는 기꺼이 감수하고자 하는 모습을 보인다. 안타깝게도 청소년의 그러한 경향성은 그들의 삶을 위험에 빠트릴 수 있다. 청소년기에는 술, 약물, 게임 등 다양한 중독에 취약한 모습을 보이는 동시에 우울증과 조현병 같은 정신 장애의 위험성도 크게 증가한다.

청소년이 새롭고 강렬한 자극을 찾아 나서는 것을 선호하는 '감각 추구 경향성'을 보이는 것이 반드시 부정적인 것만은 아니다. 아이들이 보이는 충동적인 모습은 보통 10세 무렵부터 감소하는 반면 스릴을 즐기는 모습은 15세 무렵에 정점에 도달한다.[14] 청소년의 감각 추구 경향성은 위험한 행동을 선택하게 만들기도 하나, 집 밖으로 나가서 새로운 도전을 하도록 이끌기도 한다.

청소년기의 가장 중요한 특징 중 하나는 바로 계획을 세우고 충동성을 통제하는 전두엽 부위가 서서히 성숙한다는 점이다. 청소년기에 뇌 속 신경계의 연결망이 업그레이드되는 형태로 광범위한 리

모델링이 서서히 일어나는 것은 뇌 조직의 유연성을 확보하는 데 유리하다. 뇌 속 연결망이 업그레이드된다는 것은 특정 뇌 조직을 특정 활동과 짝짓는다는 것을 뜻하며, 이렇게 뇌 조직의 기능이 한 번 정해지고 나면 그 이후에는 변경하기가 쉽지 않다.

청소년이 빠르게 성숙해지지 않기 때문에 치르게 되는 대가는 감각 추구 경향성, 충동성, 보상에 대한 과대평가, 금지된 활동에 유혹을 느끼는 것, 또래 관계에 몰입하는 것 등이 된다. 반면 그것 때문에 얻게 되는 이점은 바로 특정 활동과 연관된 신경계를 업그레이드하지 않고 보류함으로써 삶에서의 변화 가능성과 잠재적 성장 가능성을 최대로 확보하는 것이다. 흔히 청소년기가 '심리사회적 유예기(psychosocial moratorium)'의 특징을 보이는 것도 바로 이러한 점과 관계가 있다.

만약 어떤 청소년이 부모와 사회가 제시하는 길을 단 한 번도 반항하지 않고 그저 순종적으로만 따라가는 식으로 인생을 살아간다고 가정해보라! 과연 그 청소년이 자아실현을 할 수 있을까? 아마도 어려울 것이다. 자아실현을 위해서는 시행착오 경험이 필수적이다. 시행착오 경험 없이 자신의 길을 찾는 것은 자타가 공인하는 농구 황제 마이클 조던(Michael J. Jordan)조차도 해낼 수 없는 일이었다.

마이클 조던은 농구 선수로 절정기를 구가하던 시점에 아버지가 강도에게 살해당하자 돌연 은퇴를 선언했다. 은퇴 결정에 아버지의 죽음이 영향을 준 것은 사실이지만, 실제로 마이클 조던은 아버지가 돌아가시기 1년 전부터 유년 시절 꿈이었던 위대한 야구선수가 되기 위한 도전을 계획하고 있었다.[15] 이 농구 황제는 12살 때 이미 미국 노스캐롤라이나(North Carolina) 주에서 '미스터 야구(Mr. Baseball)'로 선정된 적이 있었다. 그는 은퇴 후 시카고 화이트삭스(Chicago White Sox) 구단과 계약하고서 마이너리그에서 선수 생활을 시작했다.[16]

그러나 그는 곧 실수를 인정하고 다시 농구 코트로 되돌아갔다. 이처럼 농구 황제조차 자신에게 농구가 천직(天職)이라는 것을 깨닫기 위해서는 적어도 한 번은 외유(外遊)를 다녀와야 한다. 농구 황제가 야구선수가 되기로 결심하고서 연습생 신분으로 생활하는 모습은 돈키호테(Don Quixote) 같은 인상을 주기도 한다. 사실 청소년들이 보이는 모습은 몽상가이자 괴짜인 돈키호테와 유사한 측면이 많다. 이런 점에서 그 둘을 비교해보는 것은 청소년들이 성숙해질 수 있도록 돕는 데 유용한 시사점을 제공해줄 수 있을 것이다.

돈키호테는 '행동한다, 고로 존재한다'라는 신념을 상징하는 인물이다.[17] 행동파인 것은 청소년도 마찬가지다. 또 돈키호테의 묘비에는 다음과 같이 새겨져 있다. "그는 온 세상을 하찮게 여겼으니, 세상은 그가 무서워 떨었노라."[18] 사춘기 청소년의 모습도 이와 크게 다르지 않다. 사춘기 청소년은 날마다 눈으로는 레이저를 발사

그림 13. 돈키호테 같은 청소년기

하고 입으로는 가시 돋친 말들을 쏟아내 주변 사람 모두를 떨게 만든다.

1972년에 뮤지컬을 스크린으로 옮긴 영화 《맨 오브 라만차(Man of La Mancha)》에는 그 유명한 〈이룰 수 없는 꿈(The Impossible Dream)〉이라는 노래가 나온다. 그 노래에서는 돈키호테의 모습을 다음과 같이 그려낸다. "이룰 수 없는 꿈을 꾸고, 이길 수 없는 적과 싸우며, 견딜 수 없는 슬픔을 참는다. 아무런 희망이 없어 보여도, 아무리 먼 길일지라도, 신성한 목적을 위해서라면 지옥에라도 뛰어들리라. 닿을 수 없는 그 별에 닿으려 애를 쓴 덕분에, 세상은 보다 나아질 테니."[19]

소설 후반부에서 돈키호테는 하얀 달의 기사에게 패한 후 그와 약속한 대로 기사로서의 모험을 그만두고 집으로 되돌아온다. 그러나 그는 꿈을 잃은 자가 되어 우울증에 빠진다.[20] 그는 죽음을 앞두고서 지인들에게 자신이 이제야 비로소 정신을 차리게 되었다고 말한다. 병상에서 그는 하느님의 자비(God's mercy) 덕분에 자신이 과거 어리석었음을 깨닫게 되었으며, 과거에 탐닉하던 기사도에 관한 것들을 이제는 혐오하게 되었다고 설명한다. 또 자신의 이름이 라만차의 돈키호테가 아니라 알론소 키하노(Alonso Quixano)라고 고백한다. 그리고 생애의 마지막 순간에 하느님의 자비는 끝이 없으며 자신의 죄악이 그러한 자비를 결코 가로막을 수는 없었다고 선언한다.

청소년 역시 사회적인 좌절을 경험할 경우, 우울증에 취약한 모습을 보일 수 있다. 문제는 발달 특성상 청소년은 이룰 수 없는 꿈을 꾸는 존재라는 점이다. 그렇기에 청소년들은 세상에서 구원을 받을 필요가 있다! 그리고 만약 청소년이 '구원에 대한 희망'을 꿈꾼다면, 그 구원자는 아마도 부모가 되어야 할 것이다. 그렇다면, 부모는 청소년들을 어떻게 구원할 수 있을까? 비결은 바로 용서에 있다. 돈키호테에게 하느님이 자비를 베풀 듯이, 청소년에게는 부모 또는 부모 역할을 하는 이의 용서가 필요하다.

자녀를 용서하기 위해 부모에게 필요한 것

용서는 다른 사람이 자신이나 자신이 속한 집단에 해를 끼치거나 자신의 기대에 못 미치는 수행을 한 것에 대해 부정적인 판단, 무시, 분노, 원망할 권리를 자진해서 포기하는 대신, 상대방의 행동에 비해서는 과분한 수준의 관대함과 안타까운 마음을 간직하는 것을 말한다.[21] 이러한 용서는 부모가 청소년과는 구분되는 어른으로서 개인의 심리적인 성숙함을 보여줄 수 있는 대표적인 지표가 된다.

영조(英祖)는 당시로서는 꽤 고령에 해당하는 42세 때 늦둥이 왕자인 사도세자(思悼世子)를 어렵게 얻었다. 특히 사도세자는 영조가 아홉 살 난 첫아들을 열병으로 떠나보낸 뒤 7년 만에 얻은 귀한 아들이었다. 영조는 아들이 읽을 책을 자신이 직접 밤을 새워가면서 베껴 적을 정도로 세자를 총애했다. 그러나 부자지간의 오랜 갈등

끝에 결국 영조는 사도세자를 9일 동안 뒤주에 가두어, 결국 그 안에서 극심한 고통 속에 굶어 죽도록 만들었다.

영조 같은 아버지가 사도세자 같은 아들을 용서하려면 무엇이 필요할까? 용서를 위해서는 두 가지가 필요하다. 바로 상대방에 대한 공감과 마음속으로 미래를 생생하게 그려내는 '정서적인 예상' 능력이다.

세월이 흐른 후, 영조는 아들을 떠나보냈던 일을 회상하면서 다음과 같이 피눈물을 흘리며 후회했다. "아, 임오년의 일을 차마 말할 수 있겠는가. 자질이 훌륭하였건만, 내가 정말 인자하지 못하였다. 누워서 세손(정조)의 오늘날 심정을 생각해보건대, 어찌 다만 어린 자식의 심정뿐이겠는가, 나의 심정 또한 어떻겠는가, 오늘날처럼 마음이 괴롭기란 진실로 태어난 이후 처음 있는 일이다."[22] 아마도 영조에게 자신의 미래를 생생하게 떠올릴 수 있는 정서적인 예상 능력이 있었더라면, 그리고 아버지로서 사도세자에 대해 조금만 더 공감할 수 있었더라면, 그처럼 비극적인 사건은 일어나지 않았을 것이다.

부모와 자녀 사이에 일어나는 대표적인 비극 중 하나는 부모가 사춘기 자녀들에게 억지로 사과와 사죄를 받아내려 한다는 것이다. 마치 영조가 사도세자에게 그러했던 것처럼 말이다. 그러나 이는 부모들이 흔히 행하는 가장 부질없는 일들 중 하나다. 억지로 작성하는 반성문은 사춘기의 반항심을 더욱더 증폭시킬 뿐이기 때문이다.

부모가 자녀를 용서하기 위해서는 용서와 용서가 아닌 것을 잘 구분할 필요가 있다.[23] 첫째, 용서가 죄를 벌하지 않는 것을 뜻하는 것은 아니다. 용서는 죄를 증오하지 않도록 해주는 것을 뜻한다. 둘째, 용서와 망각은 다르다. 과속으로 체포된 청소년의 경우, 부주의한 운전을 했다는 것을 시인하라고 윽박지르면서 억지로 반성문을 작성하게 하는 것은 소용없는 일이 될 것이다. 그러나 그 청소년이 스스로 과속에 대해 시인하고 경찰서 등의 객관적인 기록을 통해 그 사건에 대해 오랫동안 기억하는 것은 중요하다. 셋째, 용서가 자녀의 문제 행동에 대해 수수방관하는 것을 뜻하는 것이 아니라는 점이다. 용서는 자녀가 스스로 자신의 문제를 바로잡을 기회를 충분히 주기 위한 것이다. 비록 돈키호테가 죽음을 눈앞에 두고서 자신의 과오를 인정하게 된 것처럼 시간이 무척 오래 걸리더라도 말이다. 청소년의 심리적 성숙을 촉진하는 가장 좋은 방법 중 하나는 바로 잘못한 일에 대해 용서를 받는 것이다. 넷째, 용서는 과거의 고통을 제거하는 것이 아니라 미래의 고통을 제거해준다. 흥미롭게도 용서에는 역설적인 효과가 있다. 용서받는 사람보다 용서하는 사람에게 더 큰 마음의 평화가 찾아온다는 점이다.

아마도 청소년기에 잘못을 범한 다음 어른에게서 실제로 용서를 받은 적이 있는 사람이라면 누구나 다 알고 있을 것이다. 용서가 방황하는 젊은 영혼을 구원할 수 있는, 대단히 효과적인 방법이라는 사실을 말이다! 보통 청소년기에 용서를 받은 적이 있는 부모가 자녀를 더 잘 용서하는 법이다.

그러나 다행인 것은 세상에서 부모가 가장 용서하기 쉬운 대상이 바로 자녀라는 점이다. 자녀를 용서하는 사람도 혈육이 아닌 타인을 진정으로 용서하기란 어려울 수 있다. 그러나 혈육이 아닌 타인을 용서할 수 있는 사람이라면 자녀를 용서하는 것은 충분히 가능할 수 있다.

물론 타인은 용서해도 오히려 자녀를 용서하기 어려워하는 경우도 있다. 이런 경우에는 타인을 진정으로 용서한 것이 아니거나 자녀에 대해 과도한 기대감을 갖고 있는 것일 수 있다. 만약 타인과 자녀 모두를 용서하기가 어렵다면 그때는 자신에게 당면한 과제가 무엇인지를 재검토해볼 필요가 있다. 만약 그러한 상황이라면 상대를 용서할 것인지 여부를 결정하기에 앞서, 혹시라도 나의 심리적으로 미성숙한 면이 문제를 더욱 악화시키고 있는 것은 아닌지 신중하게 고려해볼 필요가 있다.

세상의 모든 부모가 자녀를 용서하는 것은 아니다. 그러나 어떠한 경우에도 '부모는 자녀를 용서할 수 있다'고 믿는 부모만이 실제로 자녀를 용서할 수 있다!

아동 심리학자 브루노 베텔하임은 부모가 자녀를 양육하는 과정에서 경험하는 어려움을 다음과 같이 지적한 바 있다. "문제는 바로 여기에 있다. 우리는 자녀들을 행동하게 만드는 원리에 대해서는 매우 잘 알고 있다. 그러나 우리는 그들과 더불어 살아가는 방법에 관해서는 정말 잘 모른다."[24]

부모의 중요한 역할 중 하나는 자녀가 삶을 성숙한 방향으로 이끌어갈 수 있도록 돕는 것이다. 문제는 어떻게 하면 자녀가 성숙한 삶을 살 수 있도록 도울 수 있는가 하는 점이다. 성숙한 삶의 문제에 관해 생각해보는 데 다음 질문은 유용한 시사점을 줄 것이다.

잃을 것이 많은 사람과 잃을 것이 없는 사람 중 누가 더 큰 용기를 낼 수 있을까? 혹자는 잃을 것이 없는 사람이 더 용감하게 행동할 수 있다고 말하기도 한다. 그러나 이 문제를 다룰 때는 객기(客氣)와 용기를 구분할 필요가 있다. 객기라는 말에서 '객(客)'은 손님 또는 나그네를 뜻한다. 따라서 객기는 지킬 것이 없는 뜨내기처럼 무모하게 행동하는 것을 말한다. 심리학적인 관점에서 본다면 앞선 질문에 대한 답은 잃을 것이 많은 사람, 즉 지킬 것이 많은 사람이 더 용기 있게 행동할 수 있다는 것이 된다.

전통적으로 청소년은 마치 잃을 것 또는 지킬 것이 없는 사람처럼 행동하는 대표적인 집단이다. 청소년들의 감각 추구 경향성은 그들이 집 밖으로 나가 새로운 도전을 하도록 이끌기도 하나 가출을 감행하는 객기를 부리도록 만들기도 한다.

이만하면 괜찮은 부모

오늘날 청소년이 객기를 부리는 듯한 인상을 주는 무모한 행동을 일삼는 데는 도파민이 왕성하게 분비되는 것 이외에도 이방인처럼 살아가는 그들 특유의 서툰 삶의 방식도 중요한 영향을 주고 있다. 이런 점에서 부모가 청소년 자녀를 위해 해줄 수 있는 가장 중요한 역할 중 하나는 그들이 이방인처럼 살아가지 않고 현실에 뿌리를 내릴 수 있도록 돕는 것이다. 흔히 '살아 있어도 살아 있는 것이 아니다'라는 표현이 있는 것처럼, 청소년은 부모와 '집에 같이 있어도 함께 있는 것이 아닌 것 같은 모습'으로 살아간다. 《난 떠날 거야 (The Runaway Bunny)》라는 동화는 부모가 인생을 이방인처럼 서툴게 살아가는 사춘기 자녀를 용서한다는 것이 어떤 것인지를 잘 보여준다.[25]

어느 날 반항기 넘치는 아이 토끼가 엄마 토끼에게 도발적으로 "난 떠날 거야"라고 선언한다. 그러자 엄마 토끼는 관대하지만 단호한 목소리로 말한다. "네가 떠나가면 나는 네 뒤를 따라갈 거야. 너는 나의 귀여운 토끼니까." 그러자 아이 토끼는 "엄마가 나를 쫓아오면 나는 물고기가 되어 멀리 헤엄쳐 갈 거야"라고 쏘아붙인다. 이처럼 아이 토끼의 거친 반항이 계속되어도 엄마 토끼는 안타까워하면서 "그러면 나는 어부가 되어 너를 낚으러 갈 거야"라고 응대한다.

그 후 아이 토끼가 산으로 가겠다고 하면 엄마 토끼는 등반가가 되겠다고 하고 다시 아이 토끼가 비원의 꽃이 되겠다고 하면 엄마 토끼는 정원사가 되겠다고 하는 식으로, 아이 토끼의 도전에 대한 엄마 토끼의 자비로운 응수가 이어진다. 결국 마지막에 가서도 아이 토끼는 여전히 반항기 넘치는 어조로 "에이, 이럴 바엔 차라리 집으로 되돌아가 그냥 토끼로나 살아야겠다"라고 선언한다. 그러자 엄마 토끼는 "당근이나 먹으렴"이라고 말하면서 아이 토끼를 따뜻하게 껴안아준다.

요약하자면, 청소년은 마치 돈키호테처럼 이룰 수 없는 꿈을 좇아야만 마음의 평온을 얻고 편히 잠들 수 있는 존재다. 그러나 청소년들의 그러한 도전은 대부분이 출발선에서부터 이미 실패가 예정된 일들이다. 그렇기에 반항기 넘치는 청소년 자녀들에게는 부모의 용서가 필요하다. 청소년들의 영혼이 평생 방황하지 않고 또 실패에 대한 상처로 고통받지 않을 수 있도록 도와주어야 하기 때문이다. 방황하던 시기에 구원을 못 받을 경우, 청소년은 영원히 철들지 않는 성인이 되어 방랑 생활을 계속하기 마련이다.

• 8장 •

성숙한 부모가
되기 위한 선물, 감사

〈슈퍼스타K 시즌 2〉 오디션 프로그램에 '존 박(John A. Park)'이 참여했을 때의 일이다. 그는 〈아메리칸 아이돌 시즌 9〉 프로그램에 참여해 'Top 20' 안에 들어가면서 꽤 이름이 알려진 상태였다. 그가 〈슈퍼스타K 시즌 2〉 오디션 프로그램에 참여한다는 소식은 국내 주요 일간지에 뉴스로 보도될 정도로 화제가 되었다.[1] 그래서 〈슈퍼스타K 시즌 2〉 예선 때부터 존 박은 대중 사이에서 강력한 우승 후보 중 하나로 손꼽혔다.

그런데 'TOP 10'을 가리기 위해 1차 심사 통과자 50명이 조를 짜 그룹 미션을 수행하던 중 그 유명한 '쳐밀도' 사건이 터졌다. 당시 존 박은 팀별 경연을 진행하던 중 너무나 긴장한 나머지 노래 가사를 착각해 최악의 수행을 보였다. 우리말이 서툴렀던 존 박이 '아무리 니가 날 밀쳐도'를 '아무리 니가 날 쳐밀도'라고 노래한 것이다. 결국 강력한 우승 후보였던 존 박은 그 실수로 'TOP 10' 진출에 실패한다.

존 박은 미국의 수학능력시험(SAT)의 수학 과목에서 800점 만점을 받았고 미국 명문 대학 중 하나인 노스웨스턴(Northwestern) 대학 경제학과에 장학생으로 입학했다.[2] 이처럼 그는 전도 유망한 재원이었지만, 학업을 중단한 채 감행한 도전에서 한 번의 실수로 꿈이 물거품처럼 사라져버리고 말았다. 이때 리포터가 마이크를 건네면서 이 순간 부모님께 무슨 말을 하고 싶은지 질문했다.

사실 인생의 꿈이 사라져버린 탈락자 입장에서 본다면 퍽 잔인한 질문일 수 있었다. 만약 당신이 존 박이라면 그 순간 무슨 말을 하겠는가? 실제 존 박이 한 말을 확인하기에 앞서 잠시 생각해보기 바란다.

놀랍게도 존 박은 이렇게 말했다. "음… 부모님께 감사드리고요… 감사 밖에 못 드리겠네요. 이번에는…"[3] 더 놀라운 것은 그가 지은 표정이었다. 그는 밀려드는 슬픔에 어쩔 줄 몰라하면서도, 감사의 뜻이 담긴 벅차오르는 감정과 치아가 드러나는 환한 웃음을 드러내 보이면서 인터뷰했다. 존 박의 말은 아마도 원래는 우승 트로피와 함께 부모님께 감사의 말씀을 드리고 싶었는데, 이번에는 안타깝게도 부모님께 감사하는 마음 밖에 못 드리겠다는 뜻이었을 것이다.

나중에 존 박은 패자부활전에서 구제를 받아 결국 준우승을 차지한다. 그리고 〈슈퍼스타K 시즌 2〉 오디션 프로그램 참가자 중 가장 먼저 CF 모델로 발탁되고 광고계의 블루칩으로 대우받는 등 우승자 못지않은 인기를 구가하게 된다.

감사와 관련된 또 다른 사례를 살펴보자. 2018년 하버드 대학 졸업식에서는 미등록 이민 가정 출신의 자녀가 대표 연설을 했다.[4] 바로 박진(Jin K. Park)이라는 한국인 학생이었다. 연설 내용을 요약하면 다음과 같다.

"내일 졸업하는 친구들이라면 누구나 아는 질문이 하나 있습니다. 우리 대부분이 이 질문에 답하기 위해 하버드 대학에 왔죠. 나의 재능으로 무엇을 할 것인가?

저는 미국 내 113만 명의 미등록 이민자 중 한 명입니다. 아버지는 뉴욕의 어느 식당에서 코스 요리사로 일하시고 어머니는 미용실에서 일하십니다. 오늘 이 자리에 부모님도 함께 참석하셨습니다. (참석자들의 박수갈채) '엄마, 아빠 고맙고 사랑해. 울지 마세요.'

저의 재능은 부모님께서 제게 더 나은 삶을 보장해주고자 하는 꿈을 이루기 위해 희생하시고 노력하셨음을 입증하는 것입니다. 그래서 저는 저의 재능이 '저만의 것'이 아니라는 점을 잘 알고 있습니다. 저의 재능은 부모님께서 굽은 다리와 물집 잡힌 손으로 열심히 일하셨기 때문에 탄생하게 된 것입니다. 따라서 저의 재능은 그분들의 노동과 분리해서 생각할 수 없습니다. 결국 그것들은 하나인 셈이죠.

나의 재능으로 무엇을 할 수 있을까? 철학자 존 롤즈(John Rawls)에 따르면 이 질문 안에는 잘못된 가정이 들어 있습니다. 재능, 지적인 능력, 건강, 부유함, 매력, 재치가 '자신의 것'이라는 믿음을 공유하는 것입니다. 그러나 존 롤즈는 타고난 능력은 그저 행운의 산물일 뿐이라고 주장했습니다. 그러한 능력이나 행운은 삶에서 더는 기준점의 역할을 하지 못하며 사회화 과정에서 형성된 재능은 공동의 자산으로 간주해야 한다는 것입니다.

아마도 여러분 중 일부는 이렇게 생각할 겁니다. '이것들은 나의 재능이야. 그것들을 계발해낸 사람은 바로 나야. 나의 땀과 눈물로 갈고닦아서

이만하면 괜찮은 부모

얻어낸 것들이야. 나는 내 재능에서 나온 결과물들을 누릴 자격이 있어.'
그러나 사실 우리의 재능은 사회적인 협동의 산물입니다. 우리의 지성,
매력, 능력은 다른 사람들이 우리를 믿고 투자해줄 때만 꽃피울 수 있습
니다. 따라서 저는 오늘 제가 앞부분에서 소개했던 우리에게 익숙한 질
문을 조금 다르게 바꿀 필요가 있다고 생각합니다. 바로 '나는 나의 재
능으로 다른 사람들을 위해 무엇을 할 것인가?'입니다. 감사합니다.'"

부모가 자녀에게 감사를 선물해야 하는 이유

긍정심리학에 따르면, 행복이 감사를 가져다주는 것이 아니다.[5] 그보다는 감사가 행복을 가져다준다. 사실 감사하는 마음과 행복한 마음은 동전의 양면과도 같다. 그래서 우리는 감사하는 마음과 불행한 마음을 동시에 가질 수는 없다.

만약 우리가 자신만의 노력, 자신이 가지고 있는 권리 또는 서로 대등한 가치를 지닌 것을 주고받는 방식의 교환 등을 통해 무언가 좋은 것을 얻는다면, 그럴 때는 보통 감사한 마음이 들지 않게 된다. "감사는 우리가 분에 넘치게 좋은 것을 받았을 때 느끼는 감정"[6]이기 때문이다.

"감사는 우리가 자신의 삶을 일종의 '선물'로 경험할 수 있도록 해주는 능력"[7]이라고 할 수 있다. 그래서 감사에는 치유의 힘이 있

이만하면 괜찮은 부모

다. "감사는 우리가 가진 것을 가진 것 이상의 충분한 것으로 만들어준다. 부정을 수용으로, 혼란을 질서로, 혼돈을 명료함으로 바꿔준다. 그리고 감사는 우리의 과거를 이해시키고, 오늘의 평화를 가져오며 내일의 비전을 선사한다."[8] 이러한 성숙의 과정을 통해 감사는 우리를 '아집(我執)과 이기심의 감옥'에서 해방시킬 수 있다.

부모로서 자녀가 존 박처럼, 인생의 꿈이 물거품처럼 사라져가는 순간에도 감사한 마음을 잃지 않을 수 있도록 돕는 것은 결코 쉬운 일이 아니다. 또 부모로서 자녀가 박진처럼, 재능이 자신만의 것이 아니라 부모를 비롯한 다른 사람들과 함께 공유하는 것이라는 생각을 가지고 감사한 마음가짐으로 사회에 기여하기 위해 노력할 수 있도록 돕는 것은 결코 쉬운 일이 아니다. 그러나 자녀가 감사할 줄 아는 사람이 되도록 돕는 것은 부모의 가장 중요한 의무 중 하나다.

그렇다면 어떻게 하면 자녀에게 감사의 지혜를 전할 수 있을까? 앞서 언급한 것처럼 감사는 우리가 세상에게서 당연한 것을 받을 때가 아니라 과분한 것을 받을 때 느끼게 되는 감정이다. 따라서 우리가 감사의 지혜를 배우기 위해서는 과분한 것을 받는 경험이 선행되어야 한다. 이런 점에서 자녀가 감사의 지혜를 배울 좋은 기회 중 하나는 바로 부모가 자녀에게 감사의 마음을 전하는 때이다.

부모 입장에서 볼 때, 기본적으로 자녀를 기르는 일은 '고비용/고수익(high-cost/high-reward)' 활동에 해당한다.[9] 과거에 비해 현대 사회로 올수록 그리고 가정의 평균 자녀수가 줄어들수록 이러한 특징은 더욱더 두드러진다. 흔히 15세 이하의 자녀를 키우는 부모들은 일상생활에서 부정적인 감정과 좋은 감정을 함께 보고하는 경향이 있다.[10] 다시 말해서, 자녀를 기르는 일은 기쁘지만 동시에 힘든 일이기도 하다는 것이다.

부모 역할이 고된 것은 너무나도 분명하기에, 어버이날의 카네이션이 상징하듯이 보통 우리는 자녀가 부모에게 감사의 마음을 전하는 것에는 친숙하다. 실제로 국립국어원에서 600명을 대상으로 조사한 결과에 따르면, 가정에서 자녀가 부모에게 가장 듣고 싶어 하는 말은 칭찬인 반면 부모가 자녀에게 가장 듣고 싶어 하는 말은 바로 감사였다.[11]

그러나 부모가 자녀에게 감사의 마음을 전하는 데는 상대적으로 익숙하지 않다. 따라서 자녀가 부모에게서 감사를 선물받는 것이 자녀에게는 감사의 지혜를 배울 좋은 기회가 된다.

부모는 왜 자녀에게 감사해야 하는가? 4장에서 소개한 것처럼, 우리는 부모에게서 보살핌을 받으면서 첫 번째 심리적인 탄생을, '사랑하는 연인'을 만남으로써 두 번째 심리적 탄생을 그리고 부모가 되어 아이를 '가슴으로 낳음'으로써 세 번째 심리적 탄생을 경험하게 된다. 감사의 측면에서 본다면, 우리가 첫 번째 심리적인 탄생 과정에서 부모에게 감사하게 되고 두 번째 심리적인 탄생 과정

부모가 자녀에게 듣고 싶은 말

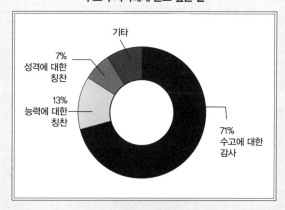

기타

7%
성격에 대한
칭찬

13%
능력에 대한
칭찬

71%
수고에 대한
감사

자녀가 부모에게 듣고 싶은 말

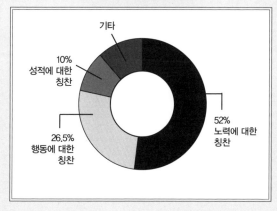

기타

10%
성적에 대한
칭찬

26.5%
행동에 대한
칭찬

52%
노력에 대한
칭찬

그림 14. 부모와 자녀가 가장 듣고 싶어 하는 말

에서 배우자에게 감사하게 되는 것이 당연한 만큼이나, 세 번째 심리적인 탄생 과정에서 자녀에게 감사하는 것은 순리(順理)에 속하게 된다.

실제로 심리학 연구에서 중년 남녀에게 자신이 어떤 존재인지를 나타내는 인생 이야기를 말해달라고 하면, 삶에서 정점에 해당되는 사건으로 '첫아이의 탄생'을 공통으로 언급한다.[12] 이처럼 자녀의 탄생은 부모의 삶을 고양하는 데 분명 도움이 된다. 더 중요한 점은 성숙한 부모일수록 자녀의 존재가 삶을 '구원'하는 데 중요한 역할을 했다고 보고한다는 것이다. 예를 들면 자녀 덕분에 자신이 방황을 청산하고 생산적이고 건강한 방향으로 삶을 재정립하게 되었다고 말하는 것이다.

일반적으로 성숙한 부모는 자녀를 자기 삶에서의 도덕적 판단을 위한 준거로 삼는다.[13] 인생에서 중요한 의사결정을 해야 할 때, 자신의 눈앞에 아른거리는 자녀가 일종의 방향타 역할을 하게 된다는 것이다. 또 성숙한 부모는 자신이 자녀에게 일종의 역할모델을 하게 된다는 점을 늘 의식하면서 생활한다. 동시에 자녀가 자신을 언제든지 지켜볼 수 있다는 것을 잘 알기 때문에 늘 조심하는 마음가짐으로 신중하게 행동하게 된다.

그러나 모든 부모가 성숙한 모습을 보이지는 않는다. 어떤 부모는 유년 시절 자신의 도덕적 판단의 기준 역할을 하던 부모를 나이

이만하면 괜찮은 부모

가 들어서도 여전히 자신과 자녀를 위한 도덕적인 판단을 위한 준거로 삼기도 한다. 이렇게 되면 과거 세대의 기준이 현세대와 미래 세대의 삶을 구속해버리는 셈이 된다. 이러한 가정은 발전적으로 성장해 나가기 어렵다. 미래의 비전은 과거 세대의 결정에 따라서가 아니라, 현재와 미래 세대의 선택에 따라서 탄생할 수 있기 때문이다.

부모가 자녀에게 감사를 선물하는 것이 중요한 이유는 다음과 같다. 첫째, 감사는 이 책에서 다루는 8가지 긍정적 감정들을 위한 원동력을 제공한다. 우리가 감사를 느낀다는 것은 우리에게 어떤 과분한 선물을 준 사람이 있다는 것을 뜻한다. 이런 점에서 감사는 인생을 내게 중요한 의미가 있는 누군가와 함께 살아가고 있다는 점을 분명하게 자각시키는 계기가 된다. 둘째, 감사는 우리가 의식적으로 분명하게 선택할 수 있는 긍정 감정이라는 점이다.[14] 우리는 누군가를 사랑할지 아니면 증오할지, 또는 누군가를 용서할지 아니면 복수할지보다 누군가를 감사할지 여부를 더 잘 통제할 수 있다. 따라서 예나 지금이나 행복을 다루는 모든 훈련 프로그램은 감사의 중요성을 강조한다.

감사의 기술

긍정심리학에서는 감사의 기술과 관련된 대표적인 활동으로 감사편지를 추천한다. 긍정심리학에서는 감사편지의 효과를 사실상 100퍼센트 보장할 수 있다고 주장한다.[15] 단, 진심이어야 한다. 부모가 자녀에게 감사편지를 쓰는 경우, 감사편지는 작성자인 부모와 감사 대상인 자녀 모두 행복해지는 데 도움을 줄 수 있다.

문제는 행복 프로그램 참여자들에게 감사편지를 쓰도록 요청하면, 꽤 많은 사람이 어떻게 써야 할지 몰라 난감해한다는 점이다. 대부분 사람이 어버이날 학교에서든 아니든 감사편지를 여러 차례 써보았겠지만, 어떤 의무가 아니라 마음에서 우러나오는 감사편지를 쓰기란 쉽지 않다. 이런 점에서 감사의 기술 역시 인생이라는 학교에서 적어도 한 번은 배워야 하는 삶의 기술이다. 감사편지를 쓰는

이만하면 괜찮은 부모

데 익숙하지 않다면 다음 팁을 참고하기 바란다.[16]

첫째, 감사편지는 우편엽서 분량인 10여 줄 정도로 짧게 써도 상관없다. 감사편지의 효과는 분량과는 상관이 없다. 감사편지는 고민해서 짜내듯이 쓰기보다는 술술 써내려갈 수 있는 내용으로 적는 것이 좋다. 만약 감사편지를 쓰려고 마음먹었는데도 막상 내용을 채우기가 어렵다면, 조금 더 생각을 정리한 다음에 감사편지를 쓰는 것이 좋다. 억지로 쓴 감사편지로는 감사의 마음이 잘 전달되지 않기 때문이다. 중요한 점은 감사편지에 진심이 담긴 내용만을 담는다는 것이다.

둘째, 부모가 자녀에게 감사편지를 쓰는 경우에는 감사의 내용만 담는 것이 좋다. 감사편지가 뒤로 갈수록 점점 더 훈계편지 또는 수많은 요구를 담은 청구서로 변질되지 않도록 각별히 주의를 기울일 필요가 있다. 감사편지에 훈계나 숙제를 함께 담게 되면, 감사의 효과는 사라지고 잔소리와 지시의 효과만 남게 되어 차라리 안 한 것만도 못한 결과를 초래할 수 있다.

셋째, 감사편지는 '심리적인 동화(4장 참조)'에 기초해 작성할 때 가장 효과적이라는 점이다. 심리적인 동화를 바탕으로 작성되지 않은 감사편지는 상대방의 마음을 움직일 수 있을 만큼 충분한 효과를 내기 어렵다.

넷째, 부모가 자녀에게 감사편지를 쓰는 경우에는 자녀 입장에서

볼 때 부모가 자신의 어떤 행동을 고마워하는지를 분명히 알 수 있도록 실제 행동에 근거해 작성해야 한다. 특히 감사편지에 담길 경우 효과가 배가 되는 특별한 삶의 기술 중 하나가 바로 '칭찬의 기술'이다. 앞서 언급한 것처럼, 국립국어원에서 조사한 결과에 따르면 가정에서 자녀가 부모에게 가장 듣고 싶어 하는 말은 바로 칭찬이다. 이처럼 자녀들이 부모에게서 가장 듣고 싶어 하는 칭찬을 감사편지에 담을 경우, 칭찬의 효과와 감사의 효과가 동시에 배가되는 시너지 효과가 생길 수 있다.

흔히 부모와 자녀 사이에서 감사편지는 화기애애한 분위기 속에서 주고받는다. 그러나 감사편지를 꼭 분위기가 좋은 상황에만 활용할 필요는 없다. 예컨대 자녀가 심한 스트레스를 겪고 있거나 부모와 자녀 사이에 갈등이 있거나 부모와 자녀가 함께 위기를 경험하고 있을 때, 감사편지는 그러한 문제들을 해결하는 데 큰 도움을 줄 수 있다.

살다 보면 부모와 자녀 사이에 갈등이 생기기도 하고 오해가 벌어지기도 한다. 특히 부모와 자녀 사이의 갈등이 오랫동안 지속된 결과, 마치 관계가 실타래처럼 복잡하게 얽혀버려서 어디서부터 어떻게 손을 대야 할지 엄두조차 나지 않는 경우가 생기기도 한다. 만약 부모와 자녀 사이의 갈등이 매우 심각하다면, 심리상담을 통해 전문적인 도움을 받는 것이 필요할 수도 있다. 문제는 현재 경험하

이만하면 괜찮은 부모

고 있는 부모-자녀 간 갈등이 전문적인 도움을 받아야 할 만큼 심각한 상황인지 여부를 어떻게 알 수 있는가 하는 점이다. 바로 이러한 문제 상황에서 감사편지는 일종의 나침반 역할을 할 수 있다.

부모와 자녀 사이에 갈등의 골이 깊어져 이러한 문제를 어떻게 풀어나가야 할지 방법이 잘 떠오르지 않는다면, 자녀에게 감사편지를 써서 전달해보라. 물론 감사편지를 쓴다고 해서 즉각적 문제가 해결되지는 않을 것이다. 그러나 적어도 대화를 시작할 수 있는 분위기를 조성하는 데는 도움이 될 것이다. 그러나 만약 자녀에게 감사편지를 써서 전달했는데도 관계가 더 악화되거나 전혀 변화가 없다면, 심리상담 등 전문적인 도움이 필요하다는 강력한 신호가 된다.

감사편지와 관련된 저자들의 일화를 참고해보기 바란다. 아이가 초등학교 4학년 때의 일이다. 우리가 해외 대학에서 연구원 생활을 하는 동안 아이는 미국에서 초등학교를 다녔다. 당시 우리 가족은 대학 캠퍼스 내 아파트에서 생활하고 있었다.

그 아파트는 주로 대학에서 근무하는 연구원들이 생활하는 공간이었기 때문에 주민 대부분의 가족 구성이 우리 집과 유사했다. 그래서 그 아파트에서 생활하는 아이들은 대부분 같은 학교에 다니는 친구들이었기 때문에 모두 친인척처럼 가깝게 지냈다. 아이들은 방과 후에 자연스럽게 아파트 놀이터에 집결했고 그 놀이터는 자라나는 아이들에게 마치 해방구 같은 역할을 해주었다. 또 그곳 분위기는 아이들이 놀다가 친구 집에서 식사하는 것은 물론, 부모에게 미리 말해두기만 하면 잠을 자는 것마저도 자연스러운 일로 받아들여질 정도로 가족적이었다.

이렇게 3년 반 동안 친구들과 즐겁게 생활을 하다가 우리가 한국의 대학에 부임해 귀국하게 되었을 때, 아이는 "꼭 가야 해?"라고 말하면서 매우 속상해했다. 당시 우리 아이는 부모를 위해 자신이 희생해야만 하는 상황이 매우 못마땅한 듯 보였다. 아이가 상황을 받아들일 만큼 충분한 시간을 두고 설득한 뒤 한국으로 되돌아왔지만, 귀국 초기에 우리 아이에게는 한국에서의 생활이 결코 즐거운 것이 아니었다.

우리 아이에게 한국 학교는 미국과는 너무나도 다른 곳이었다. 예를 들면 한국 학교에서는 수업 시간에 학생이 화장실을 가고 싶더라도 참아야만 한다는 점에서 아이는 커다란 문화적인 충격을 받았다. 또 다른 문화적인 충격은 한국 학생들이 학교 수업을 마친 뒤 거의 대부분 놀이터가 아니라 학원으로 제2의 등교를 한다는 점이었다.

미국에서 생활하는 동안 나중에 귀국할 때를 대비해 집에서는 우리말을 사용하도록 했지만, 3년 반을 지내는 동안 아이는 이미 한국어보다 영어가 더 편한 상태가 되었다. 그래서 귀국 초에는 의사소

이만하면 괜찮은 부모

통과 관련해서도 수많은 일화가 있었다.

어느 날 늦게 귀가를 하고 나니, 우리 아이가 늦은 시간까지 책상에서 이를 악물어가면서 산수 문제를 풀고 있었다. 왜 그러는지 물었더니 학교에서 터무니없이 많은 문제를 풀어오라고 숙제를 내주었다는 것이다. 아이는 우리를 보자마자 서러워 눈물을 글썽였다. 그러면서 선생님이 하룻밤 사이에 그날 배운 곳에서부터 30페이지 분량만큼 문제를 풀어오라는 터무니없는 숙제를 내주었다면서 볼멘소리를 했다.

다음 날 자초지종을 알아보니 실제 학교에서 내준 숙제는 산수 교과서 내용 중 배운 곳에서부터 30페이지까지 몇 페이지 분량의 연습문제를 풀어 오는 것이었다. 언어가 잘 통하지 않는 외국에서 생활해본 적이 없는 사람이라면, 친구나 선생님에게 물어보면 될 일을 가지고 왜 사서 고생하느냐고 말할 수도 있을 것이다. 그러나 그런 일이 어쩌다 한두 번 일어나는 일이라면 당연히 주변 사람에게 물어볼 수도 있겠지만, 날마다 빈번하게 일어나는 상황에서는 매번 물어보는 것조차 매우 부담스러운 일이 될 수밖에 없다.

우리 아이가 거의 날마다 미국으로 되돌아갈 수 없는지를 물으며 생활하던 때, 부모로서 우리가 선택했던 방법은 바로 아이에게 감사편지를 쓰는 것이었다. 감사편지의 내용은 우리 아이가 그토록 어려운 상황 속에서도 잘 견뎌내기 위해 애쓰고 우리말을 잘할 수

그림 15. 우리 아이가 귀국 초에 자주 하던 말

있도록 꾸준히 노력하는 모습을 격려하고 칭찬하며 감사하는 것이었다. 부모의 짧지만 진심이 담긴 감사편지를 읽은 후 우리 아이가 보인 반응은, 아무런 말 없이 눈물을 뚝뚝 흘리는 것이었다. 곧이어 우리 세 가족은 모두 서로 힘내자면서 깊은 포옹을 했다.

감사편지는 어린 자녀에게만 효과가 있는 것은 아니다. 예전에 SBS의 〈힐링캠프, 기쁘지 아니한가〉라는 프로그램에서는 배우 유준상의 어머니 일화가 소개된 적이 있었다.[17] 유준상 모르게 제작진이 어머니의 감사편지를 준비한 후, 토크쇼를 진행하던 중간에 불쑥 건네주었다. 당시 유준상의 어머니는 뇌출혈로 쓰러져 거동이 불편한 상태였다. 그래서 감사편지는 다른 사람이 대필을 해 전해 주었다. 그러나 편지봉투에 겉면에는 오른손잡이였던 어머니가 왼손으로 떨리듯이 '준상이에게'라는 글자를 직접 적었다. 그 삐뚤삐뚤하게 적힌 글자를 보자마자 유준상은 눈물을 글썽였다. 비록 심리학적으로는 감사의 기술이 완벽하게 구현되지 않을지라도, 그 감사편지에는 심리학 이론을 능가하는 모정과 지혜가 곳곳에 녹아 들어가 있다.

사랑하는 내 아들 준상이에게,
편지를 참 좋아하던 나인데 오랜만에 그것도 너에게 몇 자 적으려고 하니 내 눈엔 벌써 눈물이 고여 시야를 가린다. 집 앞의 코스모스가 너무나 향기롭다. 난 다 느끼고 있어. 요즘 동우 애비가 TV에는 잘 안 나오지만 너무 바빠서 건강은 잘 챙기는지 걱정이 많다.

널 생각하면 지금도 가슴이 저려오는구나. 너를 키울 땐 정말 힘들었다. 말도 못한다. 상상할 수 없을 만큼 개구쟁이였던 너는 밖에만 나가면 사고를 쳤고 사내아이 열은 키우는 듯 힘들어서, 이 녀석을 도대체 어떻게 키워야 할지 고민도 많이 했는데 세월이 흘러 지금 돌이켜보니, 내 아들이지만 그렇게 훌륭할 수가 없다. 그렇게 너와 은희가 똑같이 동우, 민재를 키우는 모습을 곁에서 보고 있노라면 저절로 웃음과 눈물이 날 만큼 행복하다.

얼마나 미안해하는지 너는 모르지? 어느 날 갑자기 내가 쓰러지고 평생 불편을 끼치는 것 같아 정말 미안해. 원망스럽기 그지없지만 무슨 소용 있겠니?

내 사랑하는 아들 준상아, 혹시 지금 울고 있니? 울지 마라 준상아! 어떤 배우가 되느냐는 중요하지 않다. 다만 내가 바라는 건, 마음 건강하고 인사 잘 하고 선크림 꼬박꼬박 바르는 것, 은희와 너희 네 식구 행복하기를… 그것뿐이다.

사랑한다, 애들아. 안녕. 우리 힘내자. 나도 힘낼게. 하나, 둘, 셋, 넷, 다섯, 여섯!

고맙다, 동우 애비야.

2011년 9월 엄마가.

이만하면 괜찮은 부모

9장

부모가 자녀에게 주는
마지막 선물, 경외감

베스트셀러 《모리와 함께 한 화요일》에서는 루게릭병에 걸려 죽음을 앞두게 된 모리 슈워츠(Morrie Schwartz) 교수가 제자에게 인생의 지혜를 들려준다. 그 책에서 모리 교수가 제자에게 전해준 마지막 강의 내용은 다음과 같다.[1]

"어느 자그마한 파도에 관한 이야기라네. 바다에서 넘실대면서 신선한 공기와 바람을 만끽하던 파도가 문득 '앞서가던 파도들'이 해안에서 산산이 부서져버리는 것을 보게 되었지. 결국 자신도 그렇게 될 것이라는 생각에 파도는 슬픔에 잠겼다네. 그러자 또 다른 파도가 이렇게 말했다네. '너는 단순한 파도가 아니야, 대양(大洋)의 일부지….'"

자녀에게 부모는 '앞서가는 파도'와 같은 존재다. 이런 점에서 모리 교수의 마지막 메시지는 부모가 자녀에게 주는 마지막 선물과 관련해서 중요한 시사점을 준다. 부모로서 어떻게 하면 자녀가 한낱 해안에서 부서져버리는 파도가 아니라 대양의 일부라는 진실을 깨닫게 할 수 있을까? 그 좋은 방법 중 하나는 바로 경외감을 선물하는 것이다.

경외감(awe)은 우리가 어떤 대상에 대해 깊은 감명을 받을 때 경험하게 되는 감정이다.[2] 경외감에는 존경, 경이로움, 신비함, 장엄함, 숭고함, 성스러움 등의 여러 감정이 복잡하게 뒤섞여 있다. 경외감은 우리가 세상을 향해 마음의 문을 열 수 있도록 해준다.

이만하면 괜찮은 부모

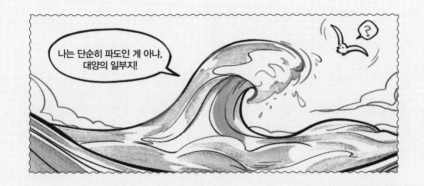

그림 16. 나는 대양의 일부다!

《장미의 이름》의 작가이자 기호학자인 움베르트 에코(Umberto Eco)가 들려주는 인상 깊은 이야기는 경외감을 통해 마음의 문이 열리게 되는 과정을 잘 보여준다.[3] 그는 오래전에 스페인 서북부 갈리시아(Galicia) 지역한 과학박물관의 초청을 받아 방문한 적이 있었다. 초청 일정이 끝나갈 무렵, 과학박물관장은 놀라운 것을 보여주겠다면서 그를 천문관으로 안내했다.

그가 천문관에 입장하자, 공간이 칠흑 같은 어둠으로 바뀌고 아름다운 노랫소리와 함께 천장에 수놓인 밤하늘의 별자리들이 회전하기 시작했다. 그 후 그의 머리 위로 1932년 1월 5일에서 6일 사이의 이탈리아 알레산드리아(Alessandria) 상공의 밤하늘이 펼쳐졌다. 움베르트 에코가 태어난 시각의 출생지 모습이었다. 그는 그 순간 '나 자신의 개인적인 이야기가 우주의 보편적 이야기와 일치하는 경험'을 하는 듯했다고 회상했다. 즉 그러한 체험을 통해 자아가 확장되어 우주와 불가분의 관계를 맺고 있는 듯한 느낌을 받은 것이다.

움베르트 에코는 훗날 그때의 놀라운 경험을 다음과 같이 소개했다. "거의 초현실적으로 나는 내 인생 최초의 밤을 경험했다. 너무도 행복했던 나머지 다른 어느 때보다도 바로 그 순간에 내가 죽을 수 있다는, 아니 죽어야만 한다는 느낌(거의 욕망에 가까운)을 받았다."[4] 움베르트 에코의 일화는 경외감이 우리가 세상을 향해 마음의 문을 열도록 만드는 과정을 잘 보여준다.

20세기를 상징하는 역사적인 사건 중 하나로는 아폴로(Apollo) 우주선이 달에 착륙한 것을 들 수 있다. 당시 12명의 지구인이 달 표면에 첫발을 내딛는 역사적인 경험을 했다. 흥미로운 점은 그 12명의 '월면 보행자' 중 6명이 우주여행을 통해 자신이 세상을 바라보는 관점이 영원히 변했다고 보고했다.[5] 그중에서도 캡틴이었던 에드가 미첼(Edgar Mitchell)은 경외감을 통해 인생이 바뀌게 된 대표적인 사례에 속한다.

미국의 MIT에서 박사학위를 받은 과학자였던 그는 한 인터뷰에서 "지구의 아름다움은 우리의 감각을 압도하는 것이었다"[6]라고 회상했다. 그는 "창문을 내다볼 때마다 이러한 희열감을 경험했으며, 이러한 마음 상태를 경험하는 데는 굳이 환각제가 필요하지 않고 누구든지 자연스럽게 경험할 수 있는 것이다"[7]라고 주장했다. 지구로 귀환한 후 그는 과학과 종교의 통합을 추구하는 '정신과학연구소'를 설립하기 위해 '미국항공우주국(NASA)'을 떠났다.

천체물리학자인 칼 세이건(Carl Sagan)은 《창백한 푸른 점(The Pale Blue Dot)》에서 보이저(Voyager) 1호가 태양계를 벗어나면서 지구를 촬영한 사진을 본 소감을 이렇게 남겼다. "지구는 광활한 우주 속에 있는 지극히 자그마한 무대에 불과하다. 이 작은 점의 어느 한구석에 살던 사람들이 반대편 구석에 살던 사람들에게 보여주었던 잔혹함을 생각해보라. 서로를 얼마나 자주 오해했는지, 서로를 죽이려고 얼마나 애써왔는지, 그 증오가 얼마나 깊었는지 모두 생각해보라. 아마도 우리가 아는 유일한 고향을 잘 보존하고 소중하게 다루며 서로를 따뜻하게 대해야 한다는 책임을 이 창백한 푸른 점보다 더 분명하게 보여주는 것은 없을 것이다."[8] 그에 따르면, "우리처럼 자그마한 존재가 이처럼 광대한 세상을 견뎌낼 방법은 오직 사랑뿐이다."[9]

칼 세이건의 글이 보여주는 것처럼, 경외감은 우리를 상호호혜적인 '선(善)'을 향해서 동기화하는 특징을 갖고 있다.[10] 《논어(論語)》의 표현을 빌리자면, 경외감은 사람들이 "사사로운 뜻도 없고 기필코 하고자 하는 마음도 없으며 집착하는 마음도 없고 이기심도 없는"[11] 방향으로 나아갈 수 있도록 한다. 또 불교의 관점에서 본다면, 경외감은 사람들이 나와 남을 차별하는 '소아(小我)'를 버리고 진정한 나를 추구하는 '대아(大我)'의 세계로 나아가도록 한다. 그리고 《고린도전서》의 구절을 차용하자면, 경외감은 우리가 '부분적으로 알던 것에서 온전히 알게 되는 것'으로 나아갈 수 있는 길을 열어준다.

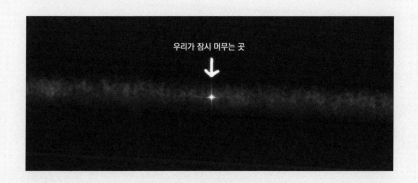

우리가 잠시 머무는 곳

그림 17. 보이저 1호가 보내준 지구의 모습

자녀에게 경외감을 선물하기

부모가 자녀에게 경외감을 선물하는 예로는 찰스 다윈(Charles Darwin)의 아버지가 아들에게 비글(Beagle)호 항해를 허락한 것을 들 수 있다. 찰스 다윈의 아버지는 유능한 내과 의사였다. 찰스 다윈의 아버지는 아들이 의사가 되어 가업을 이을 수 있기를 원했기 때문에 의학 공부를 시키고 싶어 했다. 찰스 다윈은 실제로 에든버러(Edinburgh) 대학교의 의학과에 진학하지만 그에게는 의사가 되기 어려운 약점이 있었다. 피 공포증이 있었던 것이다.[12]

이런 연유로 찰스 다윈은 의학 대신 자연사를 연구하는 데서 지적인 즐거움을 얻는 쪽으로 진로를 변경하고 싶어 했다. 그 결정적인 계기가 된 것이 바로 비글호 항해였다. 찰스 다윈은 이 지적인 탐험에 참여하고 싶은 마음이 간절했기 때문에 아버지에게 허락받

이만하면 괜찮은 부모

기 위해 여러 차례 간청했다. 특히 아버지께 쓴 편지에서 그는 만약 아버지가 허락해주기만 한다면 그러한 결정이 자신에게는 "최고의 친절(the greatest kindness)"[13]이 될 것이라고 호소했다.

아버지가 최고의 친절을 베풀어준 덕분에 찰스 다윈은 인생 최고의 경외감을 맛볼 수 있었다. 나중에 자서전에서 찰스 다윈은 비글호 항해 경험에 관해 다음과 같이 적었다.

"나는 브라질의 거대한 산림 한가운데 서 있을 때의 경험을 일지에 이렇게 기록했다. 그때 내가 경험했던 고양감은 말이나 글로 표현하기 어려울 정도였다. 당시 내 마음은 경이로움, 감탄, 몰입의 감정으로 가득 차 부풀어 올랐다."[14]

이 세상에는 우리가 경외감을 경험할 수 있는 다양한 무대가 존재한다. 알퐁스 도데(Alphonse Daudet)의 '별이 쏟아지는 밤하늘', 생텍쥐페리(Saint Exupéry)의 어린 왕자가 머물던 사막, 《모비딕》의 작가 허먼 멜빌(Herman Melville)이 포경선 선원으로서 누볐던 대양이 그 대표적인 예들이다. 기본적으로 이러한 세계들의 공통점은 바로 인간의 한계를 초월하는 형태의 무한성을 갖고 있다는 것이다. 유한한 존재인 우리가 경외감을 경험하게 되는 전형적인 순간은, 인간의 한계를 초월하는 수준으로 무한한 세계를 만나거나 특별한 대상(예컨대, 종교적 상징물)을 통해 무한의 세계(예컨대, 신)를 인식하게 되는 때라고 할 수 있다.

물론 우리가 경외감을 신, 우주 또는 대자연을 통해서만 경험할 수 있는 것은 아니다. 학문, 예술, 기술, 스포츠 등 다양한 활동 분야를 통해 경외감을 느끼는 것이 가능하다. 진화생물학자 리차드 도킨스(Richard Dawkins)는 과학이 우리에게 주는 선물에 관해 다음과 같이 말했다.

"과학이 우리에게 가져다줄 수 있는 경외감은 인간의 정신이 향유할 수 있는 최상의 경험 중 하나다. 그 깊은 미학적 감동은 음악과 시가 전해주는 것만큼이나 훌륭하다. 과학은 우리의 삶을 진정으로 가치 있는 것으로 만들어주는 것 중 하나다. 특히 과학은 우리에게 허락된 삶이 유한한 것이라는 점을 분명하게 일깨움으로써 제 역할을 더욱 효과적으로 해낸다."[15]

칼 세이건의 딸 사샤(Sasha)는 저서에서 유년 시절 아버지를 통해 경외감을 경험하게 된 일화를 다음과 같이 소개한다.

"내가 어렸을 때 아버지는 나를 맨해튼(Manhattan)에 있는 미국자연사박물관으로 데려가 다양한 입체모형들을 보여주었다. 그곳이 내게는 오래전부터 전해 내려온 심오한 질문들에 대한 멋진 답변들로 가득 들어찬 신성한 장소였다. 그곳에 가면 내 마음은 경외감으로 가득 채워졌다."[16]

부모로서 자녀에게 경외감을 선물할 수 있는 방법 중 하나는, 자녀가 영성(spirituality)의 세계에 눈뜰 수 있도록 돕는 것이다. 사실 경외감과 영성은 불가분의 관계라고 할 수 있다. 여기서 주의할 점은 영성과 종교적인 신념이 항상 일치하는 것은 아니라는 점이다.[17]

종교적인 신념은 주로 신에 관한 원칙과 교리문답으로 구성되는 반면, 영성은 신성함에 대한 경험과 언어를 초월하는 감정들로 형성된다. 또 종교적인 신념은 주로 개인의 외부에서 주어지지만 영성은 개인의 마음속에서 우러나온다.

진화과정에서 인간에게는 두 가지 유형의 뇌가 나타나게 되었다. 그 하나는 '호모사피엔스 뇌'다. 합리적 이성을 위한 중추기관으로서 흔히 종교를 '대중의 아편'으로 간주한다. 또 다른 뇌는 포유류의 '변연계 뇌'다. 정서적 삶을 위한 중추기관으로서 우리가 신성하거나 무한한 세계에 끊임없이 이끌리도록 동기화한다.

부모로서 자녀가 영성의 세계에 눈뜰 수 있도록 도우려면 다음 두 가지 조건을 갖추는 것이 중요하다. 첫째, '도그마(dogma)'와 '메타포(metaphor)'의 차이를 이해하는 것이다. 메타포는 비유나 직유 등을 통해 메시지를 전달하지만 도그마는 경전 속 내용과 문구를 그대로 현실에 적용한다.[18] 또 메타포는 사회가 발전해 나가도록 길을 열어주지만 도그마는 그러한 길을 원천봉쇄해 사회를 암흑에 빠트린다. 버나드 쇼(G. Bernard Shaw)는 도그마에 빠진 사람들의 모습을 이렇게 풍자했다. "성경이 말하는 것을 적혀 있는 내용 그대로 믿는 사람은 없다. 사람들은 항상 성경이 자신이 말하고자 하는 바를 전하고 있다고 확신한다."[19]

　교황 요한 바오로 2세(John Paul II)가 교황청을 방문한 청중들에게 행한 설교는 메타포의 중요성을 잘 보여준다. 1999년 7월에 그는 다음과 같은 설교를 남겼다. "기독교에서 말하는 영원한 저주나 지옥은 외부의 신이 내린 형벌이 아니라 자신의 삶을 끔찍하고 불행한 것, 즉 '지옥'으로 만드는 경험에 따라 파생된 내적인 상태를 말합니다. 그래서 성경은 이러한 현실을 묘사하기 위해 상징적인 언어를 사용합니다. 따라서 우리는 성경이 우리에게 보여주는 지옥의 이미지들을 정확하게 해석해야 합니다. 지옥은 장소가 아니라 생명과 기쁨의 근원인 신과 완전히 분리된 사람들의 내적인 상태를 말합니다."[20] 또 비슷한 시기에 행한 다른 설교에서 그는 이렇게 말했다. "천국이나 행복도 추상적인 개념 또는 구름 위에 있는 물리적인 장소가 아니라 '성 삼위일체(Holy Trinity)'와 개인적으로 생생한 관계를 맺는 상태를 뜻합니다."[21]

　둘째, 믿음을 강요하기보다는 선택을 보장해주는 것이다. 기본적으로 성숙한 형태의 종교적 활동은 감사, 공감, 연민, 용서, 경외감 등 다양한 긍정적인 감정을 선사한다. 단, 종교가 개인의 삶을 성숙한 방향으로 이끌기 위해서는 영성을 함께 갖추어야 한다. 영성은 개인의 마음속에서 우러나오는 것이기 때문에 자유로운 선택 과정이 중요하다. 부모가 자신의 종교적 신념에 따라 자녀를 의무적으로 종교의식에 참여할 수 있도록 만드는 것은 가능하다. 그러나 영성에 기초하지 않은 종교는 형식적인 의례에 가까워질 수도 있다.

칼 세이건의 딸 사샤는 '유대교를 믿지 않는 유대인을 허용하는 집안의 전통'을 이렇게 소개했다.[22] 사샤의 외할아버지는 1917년 미국에서 정통파 유대인의 집안에서 태어났다. 그의 부모는 유대인에 대한 러시아 제국의 박해를 피해 엄청난 희생을 무릅쓰고 미국으로 이민 온 이들이었다. 성인이 되었을 때 그는 뉴욕에 있는 대학에서 언론학을 전공한다. 대학 재학 중 그는 유대교와 관련해 종교적인 회의에 빠졌다. 고민에 고민을 거듭하던 어느 날 그는 결국 격렬한 의견 충돌을 각오하고서 부모님께 어렵게 고백한다. 부모님이 격노할 것이라고 예상했지만, 그들은 따뜻하게 웃으며 이렇게 말했다. "믿지 않으면서도 믿는 척하는 것만이 죄가 된다."[23]

버나드 쇼는 이런 말을 남겼다. "세상에는 오직 하나의 종교만 존재한다. 단, 그 형태가 백 가지에 이르는 것일 뿐이다."[24] 다시 말해 세상에는 자신의 종교만이 유일하게 가치가 있는 것이라고 믿는 서로 다른 종교집단이 수없이 많다는 것이다. 바로 그렇기에 영성에서는 종교적인 문제와 관련해 독백이 아니라 대화를 추구한다. 영성에 눈뜨기 위해서는 서로 다른 종교를 가진 사람들의 영적인 경험에 귀 기울일 줄 아는 동시에 자신과 다른 관점을 지닌 이들과 대화하는 방법을 배울 필요가 있다.

진정한 경외감은 공감 어린 대화를 통해 모든 성숙한 종교들에 공통으로 들어 있는 영적인 가치를 이해할 수 있을 때 비로소 찾아올 수 있다. 만약 누군가가 자신과는 다른 길을 선택한 사람들을 모두 적대시하는 동시에 자신의 길만이 유일하게 옳다고 믿는다면, 그 사람이 적응을 잘하며 성숙한 삶을 살아가기는 어려울 것이다. 이러한 점은 종교 문제에서도 마찬가지다. 따라서 성숙한 종교 생활을 위해서는 영성이 필수다. 영성이 없는 종교는 도그마에 빠진 종교만큼이나 사회적으로 많은 문제를 야기할 수 있다.

이만하면 괜찮은 부모

모든 부모의 간절한 소원

2021년 5월 1일 서울, 런던, 뉴욕, LA, 도쿄의 5개 도시 야외 전광판에 현대미술의 거장 데이비드 호크니(David Hockney)의 해돋이 애니메이션이 공개되었다.[25] 1분 30초 분량의 영상은 푸른 초원 너머로 해가 어둠을 물리치며 천천히 떠오르는 장면을 담고 있었다. 작품의 기획 의도는 코로나 바이러스로 인해 고통받는 전 세계의 시민을 위로하는 동시에 희망을 전하는 것이었다.

그 작품은 "태양 또는 죽음을 오랫동안 바라볼 수 없음을 기억하라"라는 의미심장한 문장으로 끝맺는다. 프랑스의 작가 라 로슈푸코(La Rochefoucauld)의 잠언집에서 유래한 표현이다. 원문은 "태양처럼, 죽음은 계속 응시할 수는 없다"[26]이다.

인간은 죽는다. 죽음 그 자체에 관한 한, 그 누구도 선택권을 가지고 있지 않다. 죽음이라는 문제와 관련해서 단지 우리는 '죽음을 어떻게 맞이할 것인가' 하는 점만 선택할 수 있다. 사람들이 죽음을 맞이하는 모습은 다양하다. 어떤 사람들은 자신이 언젠가는 죽는다는 사실을 완전히 잊은 채로 살아가다가, 어느 날 갑작스럽게 죽음을 맞이하기도 한다. 또 어떤 사람들은 자신은 죽음이 두렵지 않다면서 호언장담하다가 죽음을 앞두고서야 비로소 공포에 사로잡히기도 한다.

라 로슈푸코가 말한 것처럼, 우리는 태양처럼 죽음도 정면으로 오랫동안 바라볼 수는 없다. 그렇기에 죽음의 문제에 관해서는 더욱더 지혜롭게 대처할 필요가 있다. 죽음의 문제를 지혜롭게 조망하는 것은 결국 삶의 의미를 찾는 과정과 상통한다. 호스피스 운동의 선구자인 엘리자베스 퀴블러 로스(Elizabeth Kübler-Ross)는 우리에게 죽음 교육이 갖는 의미를 다음과 같이 소개했다.[27]

"사실 세상 사람들은 나를 '죽음의 여인'으로 생각해왔다. 30년 이상 죽음과 죽음 이후의 삶에 대해 연구했기 때문에 사람들은 나를 그 분야의 전문가로 인정했다. 그러나 내가 보기에 그들은 중요한 점을 놓친 것 같다. 내 작업에서 유일하게 논란의 여지가 없는 사실은 삶의 중요성을 다루었다는 점이다. 나는 늘 죽음이 가장 위대한 경험 중 하나가 될 수 있다고 말해왔다. 만약 당신이 하루하루를 올바르게 살기만 한다면, 두려워할 것은 전혀 없다."

이만하면 괜찮은 부모

모든 부모의 간절한 소원 중 하나는 자녀보다 자신들이 먼저 죽는 것이다. 부모가 자녀의 죽음을 지켜보는 것보다는 자녀가 부모의 죽음을 지켜보는 것이 순리에 해당하기 때문이다. 이따금 장애가 있는 자녀의 부모 중 일부는 자신이 자녀보다 딱 하루만 더 살수 있으면 좋겠다고 말하기도 한다. 보통 이러한 경우는 부모를 제외하고서는 장애가 있는 자녀를 돌봐줄 수 있는 사람을 찾기 어려울 때일 것이다. 그러나 그러한 경우에도 만약 다른 대안이 존재하기만 한다면, 자녀보다 부모가 먼저 죽는 쪽을 분명히 더 선호하게될 것이다. 이런 점에서 부모가 자녀에게 줄 수 있는 마지막 선물은 죽음교육이라고 할 수 있다. 죽음과 관련해서 부모가 선택할 수 있는 유일한 것은 '자녀 앞에서 죽음을 어떻게 맞이할 것인가' 하는 점뿐이다.

부모가 자녀를 교육하는 과정에서 죽음교육은 필수 요건 중 하나다. 전통적으로 삶에서 중시된 통과의례로는 '관혼상제(冠婚喪祭)'를 들 수 있다. 그중 죽음의 문제는 누구든지 삶에서 겪을 수밖에 없는 일이지만 보통은 준비가 가장 덜 된 상태에서 치르게 되는 대표적인 생활 사건이다. 자녀가 부모처럼 자신의 삶에서 소중한 의미가 있는 누군가를 떠나보내게 된 상황을 떠올려보자. 어떻게 하면 자녀가 이러한 충격적인 사건에서 벗어날 수 있을까?

발달 과정에서 죽음에 대한 태도는 연령대별로 다르게 나타난다.

발달심리학자 비요크런드(David F. Bjorklund)는 죽음에 대한 생각에서의 연령대별 차이를 조사하기 위해 흥미로운 실험을 고안했다.[28] 그들은 악어가 생쥐를 잡아먹는 내용으로 구성된 인형극 비디오를 다양한 연령대의 아동들과 성인들에게 보여주었다. 그 후 생쥐가 죽음을 전후로 생리 영역, 지각 영역, 정서 영역 등에서 어떤 차이를 보이는지 질문했다.

죽은 후에도 생쥐가 여전히 음식을 먹을 필요가 있느냐는 질문에 3~6세의 아동 중 76퍼센트, 10~12세의 초등학생 중 100퍼센트, 그리고 성인 중 100퍼센트가 아니라고 대답했다. 반면 죽은 후에도 여전히 생쥐가 엄마를 사랑하느냐고 물었을 때는, 3~6세의 아동 중 94퍼센트, 10~12세 초등학생 중 80퍼센트, 그리고 성인 중 66퍼센트가 죽은 후에도 사랑이 지속된다고 대답했다. 다시 말해서, 죽음의 생물학적인 의미, 즉 사후 신체 기능의 정지 상태를 이해하는 초등학생 중 80퍼센트 그리고 성인의 66퍼센트가 사랑이 사후에도 지속된다고 믿는다고 나타났다. 왜 성인 중 과반수 이상이 죽은 후에도 사랑이 지속될 수 있다고 믿는 것일까? 어떻게 이러한 믿음이 지속될 수 있는 것일까?

사랑은 이별의 슬픔을 낳을 수 있다. 부모가 떠나갈 때 남겨진 자녀는 필연적으로 슬픔을 경험하게 된다. 그렇다면 어떻게 하면 부모로서 자녀가 이별의 아픔을 잘 감싸안을 수 있도록 도울 수 있을

이만하면 괜찮은 부모

까? 이러한 문제를 해결하기 위해서는 먼저 결핍감과 박탈감의 차이를 이해할 필요가 있다.[29] 결핍감은 생애 초기부터 사랑을 받지도 그리고 주지도 못했을 때 경험하게 된다. 대조적으로, 박탈감은 사랑하는 사람을 잃었을 때 발생한다. 다행스럽게도 정신적인 혼란을 야기하는 것은 결핍이지 박탈은 아니라는 점이다. 박탈은 우리가 눈물을 흘리도록 만들 뿐이다.

톨스토이(Tolstoy)에 따르면, 누군가를 진정으로 사랑했던 사람만이 그러한 사랑을 잃었을 때 커다란 슬픔을 경험할 수 있지만 그러한 박탈감을 치유해줄 수 있는 것 역시 사랑일 수밖에 없다.[30] 모리 슈워츠 교수는 우리가 더욱더 깊이 사랑하는 것을 통해 사랑을 잃는 아픔, 즉 박탈감을 치유할 수 있는 방법을 이렇게 소개했다. "우리가 서로 사랑하고, 우리가 간직했던 사랑의 감정을 기억할 수 있는 한, 우리는 사람들 마음속에서 잊히지 않는 형태로 죽을 수 있네. 죽음은 생명이 끝나는 것이지, 관계가 끝나는 것은 아니네."[31]

사샤는 어렸을 때, 아버지 칼 세이건에게 외할아버지와 외할머니와는 다르게 왜 친할아버지와 친할머니는 만날 수 없는지에 관해 물어본 적이 있다.[32] 그때 칼 세이건은 딸에게 두 분이 돌아가셨기 때문이라고 대답해주었다. 칼 세이건은 친할아버지와 친할머니를 영원히 만날 수 없다는 얘기를 듣고 실망한 딸을 다음과 같이 위로했다.

"너는 지금 이 순간 살아 있어. 그것은 정말로 놀라운 일이야. 한 사람이 태어나기까지 거치게 될 무한한 갈림길을 고려해보면, 지금 이 순간 너의 모습으로 여기에 있다는 것은 충분히 감사할 만한 일이란다. 게다가 우리는 DNA를 통해 (할아버지, 할머니) 세대들과도 연결되어 있고 나아가 우주와도 연결되어 있단다. 우리 몸의 모든 세포는 별의 심장에서 탄생했기 때문이야. 그래서 우리는 별들로 이루어져 있단다."[33]

뒤이어 칼 세이건은 "비록 우리는 영원히 살 수는 없지만, 이처럼 영원히 살아 있을 수 없다는 사실이 우리에게 심오한 아름다움을 선사해주는 거란다. 그리고 그것이 바로 우리가 깊이 감사해야 할 이유란다. 만약 우리가 영원히 살 수 있었더라면, 삶이 그토록 경이롭지는 않았을 것이기 때문이지"[34]라고 덧붙였다. 사샤에 따르면, 자신이 '죽음의 영속성'에 대해 깨닫게 된 것은 그때가 처음이었으며 그 순간 자신은 정말 아버지의 말대로 느낄 수 있었다고 한다.

사샤는 이따금 아버지에 대한 그리움이 몰려들 때면 시간여행 기술을 활용한다고 한다. 그 대표적인 방법은 아버지의 모습이 담긴 동영상을 찾아 감상하는 것이다. 과거에는 사랑하는 사람을 떠나보낸 후 그 사람의 생전 모습을 보거나 목소리를 듣는 유일한 방법은 기억에 의존하는 것뿐이었다. 그러나 지금은 과학기술의 힘을 통해 세상을 먼저 떠난 사랑하는 사람의 빛이 되살아나 남겨진 사람에게

이만하면 괜찮은 부모

닿도록 하는 것이 가능하다.

사샤가 소개하는 또 다른 시간여행의 기술은 조금 더 상상력의 힘을 필요로 한다. 칼 세이건은 어린 딸에게 대기 중의 공기 입자는 아주 오래전부터 그대로 보존되기 때문에 사람들은 수천 년도 더 전에 살았던 조상들과 같은 공기를 마시게 된다고 설명해준 적이 있다.[35] 사샤는 아버지와의 이러한 추억을 떠올리면서 숨을 깊게 들이마신 후, 이 공기 입자의 일부가 바로 아버지가 호흡했던 공기의 일부일 수 있다는 생각을 하곤 한다. 사샤는 이러한 시간여행의 기술 덕분에, 아버지의 죽음이라는 겨울 속에서도 아버지의 영상 속 모습과 아버지와의 추억이라는 햇살이 여전히 자신을 따뜻하게 비추고 있는 듯한 느낌을 받는다고 말했다. 칼 세이건과 사샤 부녀의 일화는 사랑하는 사람을 마음속 깊이 담아냄으로써, 즉 심리적인 동화를 통해 우리가 박탈의 아픔을 지혜롭게 극복할 수 있다는 점을 잘 보여준다.

지금까지 소개한 것처럼, 칼 세이건이 딸 사샤에게 남겨준 정신적인 유산 중에서 죽음의 문제와 관련된 핵심 요소는 바로 경외감을 선물한 것이다. 여기서 중요한 것 중 하나는 우리가 경외감을 광활한 우주나 대자연 등에서만 찾을 필요는 없다는 점이다. 실제 삶 속에서도 부모가 자녀에게 경외감을 전하는 것은 얼마든지 가능하다.

사샤에 따르면, 칼 세이건은 마지막 순간에 딸에게 삶의 미스터리 하나를 남겨주고 떠나갔다.[36] 칼 세이건은 골수성 백혈병 진단을 받고 약 2년간 투병을 하다가 세상을 떠났다. 투병 중에 그는 딸에게 "미안하다"라는 말을 남겼다. 오랫동안 사샤는 아버지의 그러한 말을 이해할 수 없었다고 한다. 고통받고 있는 것은 자신이고 오히려 고통받는 아버지를 돕지 못해 미안해해야 하는 것은 자신 같았기 때문이었다.

칼 세이건이 세상을 떠난 후 상당한 시간이 지난 후에야 비로소 사샤는 그 말의 의미를 깨달았다고 한다. 사샤는 아버지를 떠나보낸 후 이십여 년이 지난 후에도 여전히 그 아픔을 계속 떠올리게 되었다. 자신의 인생 최고의 날에도, 결혼하던 날에도, 딸을 처음으로 품에 안던 순간에도… 이러한 경험을 통해 사샤는 오래전에 아빠가 자신에게 "미안하다"라고 했던 말이, '아빠의 부재'라는 어두운 그림자가 그처럼 오랫동안 삶에 드리우도록 한 데 대해 유감을 표현한 것이었음을 깨달았다. 더불어 그때에야 사샤는 투병 중에 아빠가 자신에게 "최선을 다할게"라고 약속한 이유도 깨달을 수 있었다. 이처럼 칼 세이건은 세상을 떠난 지 이십여 년이 지나서도 여전히 사샤에게 끊임없이 경외감을 선물해주는 존재로 남을 수 있었다.

칼 세이건의 일화가 보여주듯이, 부모로서 삶의 마지막 순간에 자녀에게 경외감을 선물하기 위해서 굳이 영웅적인 모습을 보이려

애쓸 필요는 없다. 죽음의 그림자가 눈앞에 드리운 상황에서도 그저 '안녕'이라는 말을 남기게 되는 마지막 순간까지 부모로서 그리고 '앞서가는 파도'로서 최선을 다하면 충분하다! 이처럼 부모로서 자녀에게 경외감을 선물해줄 기회는 삶의 마지막 순간에도 얼마든지 존재할 수 있고, 세상을 떠난 후에도 계속 존재할 수 있다. 부모가 죽은 후에도 자녀와의 관계가 지속되는 한 말이다!

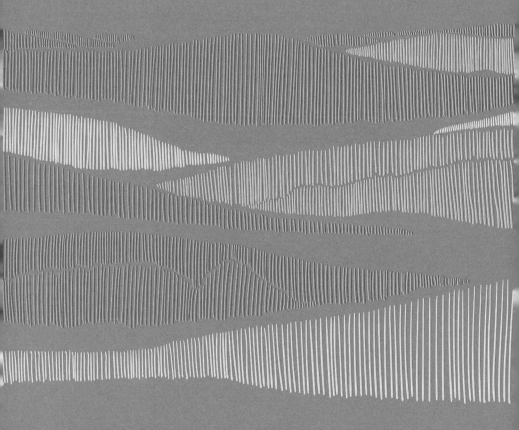

지니, 유 아 프리
(Genie, you are free)

랜디 포시 교수는 《마지막 강의》에서 자신이 어린 시절의 꿈을 성취하게 된 중요한 비결 중 하나가 바로 '부모 제비뽑기(parent lottery)'에 승리한 것이라고 적었다.[1] 세상에는 이처럼 좋은 부모를 만나는 행운아들이 있는 반면, 안타깝게도 그렇지 않은 경우도 많다.

그 누구도 태어나면서 스스로 부모를 선택할 수 있는 사람은 없다. 그러나 스스로 어떤 부모가 될 것인지를 선택하는 것은 얼마든지 가능하다.

1960년대에 있었던 일이다. 학교에 입학한 후 글쓰기 수업에서 선생님과 학생 모두를 충격으로 침묵에 빠지도록 만든 학생이 있었다.[2] 선생님이 쉬운 동요 가사를 불러주면서 칠판에 써보라고 했는데 한 학생이 단 한 글자도 못 썼던 것이다. 그러자 아이들은 그 학생을 '바보'라고 놀려대기 시작했다. 이 갑작스러운 사태에 어떻게 해야 할지 몰라 두려워하던 그 학생은 교실에서 오줌을 싸버리기까지 했다. 이때부터 선생님은 그 학생을 '저능아'로 평가했다. 사실 요즘 같았다면 교사가 학생을 저능아로 평가하는 일이 일어나지는 않았을 것이다.

장남이 학교에서 '저능아' 소리를 듣는다는 사실을 알게 된 그 학생의 아버지는 어느 날 아들을 저수지로 데려간 뒤 등에 업고 깊은 곳까지 들어가서는 "같이 빠져 죽자"라고 했다. 그 얘기를 들은 아들은 아버지에게 이렇게 애원했다. "아버지, 제가 공부를 해서 반드시 글자를 익히겠습니

이만하면 괜찮은 부모

다. 살려주세요." 그 뒤 그 학생은 눈에 실핏줄이 터져가면서까지 하루 10시간씩 글자 공부에 매달렸다. 그러나 끝내 글을 깨우치지 못했다.

수업을 도저히 따라갈 수 없었던 그 학생은 글자를 가지고 하는 일은 자신과는 통 인연이 없다고 믿게 되었다. 결국 중학교를 졸업한 후 고등학교 진학을 포기해버렸다. 이후 그 학생은 낮은 학력 때문에 좋은 일자리를 구하기가 어려워 일용직 막노동 일을 시작할 수밖에 없었다.

나중에 그 학생은 IQ에 문제가 있었던 것이 아니라 '난독증(dyslexia)'이 있었던 것으로 밝혀졌다. 난독증은 듣고 말하는 데에는 문제가 없지만 글자를 읽는 데 이상이 있는 학습장애다. 과거에는 난독증이 있는 학생을 IQ가 낮은 것으로 오인하는 경우가 많았다. 그러나 IQ상 특별히 문제가 없는데도 글자를 읽지 못할 때 난독증 진단을 내리게 된다. 난독증 환자의 경우, 다음 그림처럼 시각 정보가 불규칙하게 뒤죽박죽인 상태로 정보가 처리되기 때문에 글자를 읽는 데 심각한 어려움을 겪는다.

이 이야기는 '공부의 달인'으로 유명한 노태권의 일화다.[3] 그의 두 아들 역시 중학교 때 게임중독에 빠져 고등학교에서 공부하는 것을 포기했기 때문에 그들은 결국 '중졸 삼부자'가 되었다. 그런데 이 이야기에는 놀라운 반전이 있다. 놀랍게도 중졸 학력의 노태권이 40대가 넘은 시점에 독학으로 공부를 다시 시작해 아들들을 가르쳐 두 아들 모두를 서울대에 진학시킨 것이다. 게다가 둘 다 4년간 학비 전액을 장학금으로 지원받는 조건이었다.[4]

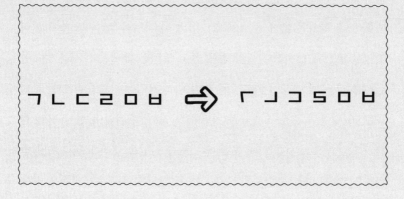

그림 18. 난독증에서의 시각적 정보처리 이상(왼쪽 글자들이 오른쪽 모양으로 보임)

이만하면 괜찮은 부모

난독증 때문에 학교에서 저능아 소리를 들었던 노태권은 눈물 나는 노력을 통해 글을 깨우쳤을 뿐만 아니라, 수능 모의고사에서 7번이나 만점을 받는 경이적인 기록을 남겼다.[5] 〈생활의 달인〉 프로그램에서는 '공부의 달인' 검증을 위해, 노태권이 두 아들이 대학에 진학한 다음이라서 이전에 본 적 없는 수능시험의 일부 문항으로 테스트를 진행했다. 그 테스트에서 그는 한 문제만 틀리는 놀라운 실력을 보여주어 '공부의 달인'으로 공인받았다.

그렇다면 과거에 죽을 각오를 하고서 글자 공부를 했는데도 글을 깨우치지 못해 결국 중졸의 학력을 갖게 된 노태권이 어떻게 해서 공부의 달인이 될 수 있었을까? 노태권이 사실은 난독증이 있었지만 장차 '공부의 달인'이 될 자질을 지녔는데 부모가 교육을 제대로 시키지 않아서 중졸 학력자로 만들었다고 누군가가 말한다면, 아마도 노태권의 아버지는 매우 억울한 마음이 들 것이다. 노태권의 아버지 역시 "날마다 책을 펴놓고 윽박지르고 야단치고 어르면서"[6] 장남을 공부시키기 위해 나름 노력을 기울였기 때문이다.

아버지 입장에서는 아무리 노력해도 난독증이 있었던 노태권에게 글을 가르치는 것이 너무나 어려웠기 때문에 결국 포기할 수밖에 없었다고 생각할 수도 있다. 그러나 분명한 것은 노태권은 공부의 달인이 될 수 있는 자질을 지녔던 사람이었고 실제로도 그렇게 되었다는 것이다. 노태권의 일화는 자질 면에서 공부의 달인이 될 수 있는 사람도 실제로 공부의 달인이 되기 위해서는 그러한 자질을 타고나는 것 이외의 추가 조건이 필요하다는 점을 드러낸다. 그 추가 조건이란 바로 6장에서 소개한 '기본적 신뢰의 문제'다.

앞서 소개한 대로, 만약 객관적인 자료상 자녀가 재능을 가지고 있는데 어떠한 이유에서건 간에 그러한 잠재력을 제대로 발휘하지 않는 듯하다면, 부모로서 자녀에 대한 기본적 신뢰의 문제를 다룰 필요가 있음을 보여주는 강력한 신호가 된다. 아무리 뛰어난 재능을 갖고 있더라도 그 재능이 아니라 있는 그대로의 자기 모습을 더 사랑해주는 누군가를 만나지 못하면 재능을 발휘할 동기를 잃어버리게 된다. 이러한 점은 IQ가 200이 넘는 천재뿐만 아니라, 노태권의 사례에도 마찬가지로 적용될 수 있다.

노태권의 아버지가 장남에 대해 각별한 애정을 가지고 있었다 하더라도, 아들을 저수지로 데려가 "같이 빠져 죽자"라고 말한 것은 전적으로 아들만을 위해서 한 일이라고 보기는 어렵다. 이러한 일화는 노태권의 아버지가 글을 깨우치지 못한 장남의 모습을 있는 그대로 받아들이기 어려워했음을 보여준다. 특히 노태권의 두 동생은 명문대학을 졸업할 정도로 우수한 인재였던 점을 고려해보면, 노태권의 아버지로서는 장남이 저능아 소리를 듣는 것을 받아들이기가 더욱 힘들었을 것으로 보인다. 아버지 입장에서는 장남이 저능아 소리를 듣는 것을 지켜보느니 차라리 두 사람 모두 죽는 것이 낫겠다고 생각했던 것으로 보인다. 그러나

이만하면 괜찮은 부모

글을 깨우치지 못했다고 해서 사랑받을 자격이 없는 것은 아니다!

노태권이 공부의 달인으로 변모하게 된 데는 아내 최원숙의 도움이 결정적이었다.[7] 35세 때 노태권은 아버지 친구의 주선으로 은행에서 일하던 동갑내기 아내를 만나게 된다. 최원숙은 노태권의 밝고 씩씩한 모습에 매력을 느껴 만난 지 얼마 되지 않아 결혼하기로 결심했다. 그러나 노태권의 어머니조차 "내 아들은 바보라오"[8]라고 말하면서 최원숙에게 후회할 결혼은 하지 않는 편이 낫겠다고 만류했다. 그처럼 우려하는 목소리에도 최원숙은 중졸 학력에 글조차 깨우치지 못한 노태권을 배우자로 선택했다. 이처럼 노태권은 부모가 아니라 아내를 통해 삶에서 처음으로 기본적 신뢰 문제를 해결할 수 있었던 것이다.

아내의 권유로 노태권은 40대에 글공부를 다시 시작했다. 생애 처음으로, 글을 깨우치지 못하면 인간 대접을 받지 못할까 봐 두려워 억지로 공부하는 것이 아니라, 아내를 위해 더 좋은 남편 그리고 아이들을 위해 더 좋은 아빠가 되고자 공부를 다시 시작하는 '기쁨'을 맛보게 된 것이다. 아내는 난독증이 있어 글자를 읽는 데 어려움을 겪는 노태권을 위해 큰 글씨로 2,000만 자를 넘게 써주었다. 그 후 노태권은 죽을 때까지 그만두지 않겠다는 '폐이후이(斃而後已)' 정신으로 노력했고, 마침내 글을 깨우칠 수 있었을 뿐만 아니라 공부의 달인으로 거듭났다.

이처럼 노태권의 아버지는 실패했으나 아내 최원숙은 성공하게 된 비결 역시 바로 '기본적 신뢰의 문제'와 밀접한 관계가 있다. 여기서 주의를 기울여야 할 부분이 있다. 노태권의 사례가 기본적 신뢰의 문제가 해결되기만 하면 난독증의 문제를 포함해서 모든 문제가 해결된다는 점을 보여주는 것은 아니라는 점이다. 그보다는 기본적 신뢰의 문제가 선결되지 않는다면, 노태권이 난독증의 문제를 극복했듯 현실적으로 해결 가능한 문제들도 실제로 이루어지기 어렵다는 점을 보여주는 것이다.

노태권이 두 아들에게 공부를 가르칠 때도 기본적 신뢰의 문제를 해결하는 것이 중요한 선결 요인 중 하나였다. 중학교를 졸업한 후 사실상 공부를 포기해버렸을 뿐만 아니라 아빠에게 말조차 건네지 않는 두 아들이 다시 공부를 시작할 수 있도록 돕기 위해 그는, "부모로서 품위를 잃지 않고 아이를 가르치는 방법"[9]부터 고민했다.

그가 사용한 첫 번째 전략은 아들들과 함께 운동하면서 친구가 되는 것이었다. 그가 아들들에게 내걸었던 조건은 함께 운동하고 돌아오면 마음껏 게임을 할 수 있도록 해준다는 것이었다. 두 아들에게 운동은 매우 효과적이었다. 운동하고 온 다음에는 지쳐서 생각보다 게임을 마음껏 하기 힘들었을 뿐만 아니라, 오랫동안 대화를 끊었던 아들들이 아빠에게 자연스럽게 말을 건네기 시작했다. 그 후 노태권은 가난한 살림살이에도 아이들에게 좋은 옷을 사 입힌 후 영화관, 박물관, 야구장 등을 다니며 만나는 사람들에게 기회가 있을 때마다 두 아들을 소개하며 "앞으로 믿음직한 사람으로 성장할 것"[10]이라고 격려했다. 노태권의 일화는 유년 시절에 기본적 신뢰의 문제가 해결되지 못했던 사람도 배우자, 교

이만하면 괜찮은 부모

사, 친구, 선후배 등 부모 이외의 다른 사람을 통해 기본적 신뢰의 문제가 해결될 경우, 스스로 좋은 부모가 되는 길을 개척해 나가는 것이 얼마든지 가능하다는 점을 보여준다.

부모로서 시험에 드는 순간 필요한 것

이 책의 서두에서 '모든 사람들이 필요로 하는 것'과 '부모와 자녀가 서로 주고받기에 좋은 선물'에 관해 질문한 바 있다. 이 책에서는 그 대답으로 바로 기쁨, 희망, 사랑, 연민, 믿음, 용서, 감사 그리고 경외감과 같은 '최상위의 긍정감정들'을 제안했다. 동시에 '이만하면 괜찮은 부모'가 되는 심리학적 비결로 부모로서 자녀에게 최상위 긍정감정을 선물하는 것을 추천했다.

문제는 '이만하면 괜찮은 부모'가 되고자 노력하는 부모라면 누구든지 자연스럽게 '시험에 드는 일들'을 경험하게 된다는 점이다. 여기서 시험에 든다 함은, '이만하면 괜찮은 부모'가 되고자 노력하는 데 회의적인 태도를 갖게 되는 것을 뜻한다. 앞서 설명한 것처럼 기본적으로 자녀를 기르는 일은 '고비용/고수익' 활동에 해당한다.

게다가 '이만하면 괜찮은 부모'가 된다는 것은 더욱더 고된 일이 될 수밖에 없다. 부모로서 시험에 드는 일이 생겼을 때 그에 잘 대처하는 데 필요한 조언을 소개하기에 앞서, '이만하면 괜찮은 부모'가 되기 위해 필요한 활동들에 관해 다시 짚어보자.

첫째, 부모로서 《알라딘》의 요술램프에 나오는 '지니(Genie)'가 됨으로써 자녀에게 '기쁨'을 선물하는 것이다. 둘째, 노태권처럼 부모로서 자녀와 함께 어려운 과제에 도전하는 과정에서 수많은 좌절과 아픔에도 끝끝내 목표를 달성해낼 때의 기쁨을 공유함으로써 자녀에게 미래에 대한 '희망'을 선물하는 것이다. 셋째, 자녀가 보기에 부모가 적어도 부모 자신 이상으로 자녀를 소중하게 여긴다고 믿을 수 있도록, 다른 어떤 것보다도 자녀를 위하는 행동을 우선시함으로써 자녀에게 '사랑'을 선물하는 것이다. 넷째, 자녀가 과도한 노동이나 학습 때문에 어린 시절을 희생하지 않도록, 자녀에게 놀이를 통해 공감적 유대를 강화하는 동시에 품위 있게 지는 법을 함께 배울 기회를 제공함으로써 자녀에게 '연민'을 선물하는 것이다. 다섯째, 자녀가 '기본적인 신뢰 문제(6장 참조)'에 대한 의구심을 해소하는 동시에 자녀가 스스로의 가치에 대한 자부심을 바탕으로 자신의 잠재력을 사랑하고 발휘할 수 있도록, 부모로서 자녀에게 '믿음'을 선물하는 것이다. 여섯째, 실패가 예정된 길을 가겠다며 고집부리는 돈키호테 같은 자녀가 실패에 대한 상처로 고통받지 않을 수 있도록, 부모로서 자녀에게 '용서'를 선물하는 것이다. 일곱째, 세 번째의 심리적 탄생을 통해 자녀가 부모의 삶에서 일종의 길잡이 역할을 하게 된 것에 대해 부모로서 '감사'의 마음을 전하는 것이다. 마지막으로, '앞서가는 파도'로서 '안녕'이라는 말을 남기게 되는 마지막 순간까지 최선을 다함으로써, 부모로서 자녀에게 삶과 죽음의 문제에 관한 '경외감'을 선물하는 것이다(9장 칼 세이건의 임종 장면 참조).

　아마도 이처럼 요약된 글을 읽는 것만으로도 '이만하면 괜찮은 부모'가 아닌 그냥 '부모'가 되고 싶은 유혹이 들 수도 있을 것이다. 만약 자녀에게 8가지 최상위 긍정감정 중 어느 하나라도 선물을 하는 것이 부담스럽게 느껴지거나 '이만하면 괜찮은 부모'가 되고자 하는 목표에 대해 회의적인 생각이 든다면, 다음의 일화를 떠올려 보기 바란다.

　일본의 어느 동물원에서 있었던 일이다.[11] 어미 원숭이가 태어난 지 일주일도 채 지나지 않은 새끼 원숭이를 안고 돌산을 오르고 있었다. 그때 새끼 원숭이가 어미 원숭이를 붙잡고 있던 손을 무심결에 놓고 말았다. 새끼 원숭이는 곧바로 돌산 아래로 추락했다. 다급하게 아래로 내려간 어미 원숭이는 마치 하늘이 원망스럽다는 듯이 잠시 하늘을 망연자실하게 쳐다보았다. 이내 어미 원숭이는 다시 정신을 차리고서 새끼 원숭이를 살리기 위해 새끼에게 자신의 젖을 짜서 입으로 넣어주려 애썼다. 그러나 어미 원숭이가 무슨 짓을 하더라도 아무 소용이 없었다. 새끼 원숭이는 금방 몸이 싸늘하게 굳어버렸다. 그러나 시간이 꽤 흐른 다음에도 어미 원숭이는 새끼 원숭이 곁을 지키면서 털을 골라주는 등 새끼 원숭이를 계속 보살폈다. 그리고 무더운 여름날 새끼 원숭이가 백골이 되어버린 후에도 여전히 어미 원숭이는 새끼 원숭이 곁을 계속해서 지켰다.

모든 부모가 가장 피하고 싶어하는 것 중 하나가 바로 자신보다 자녀가 먼저 죽는 것일 것이다. 만약 어떤 이유로든지 간에 자녀가 부모보다 먼저 세상을 떠나가면, 그때는 부모로서 자녀를 위해 해줄 수 있는 일이 아무것도 남지 않게 된다. 그러나 자녀가 살아 있는 한 부모로서 자녀에게 도움되는 일이라면 무엇이든지 할 수 있을 것이다. 단, 그럴 마음이 있기만 하다면 말이다.

'이만하면 괜찮은 부모'가 되기 위해 노력하기란 결코 쉽지 않다. 그러나 그 일이 제아무리 힘들고 고통스럽다 하더라도, 아마도 무더운 여름날 새끼 원숭이의 백골을 곁에 두고서 무엇이든 해주려 안간힘을 쓰는 어미 원숭이와 같은 상황에 놓이는 것보다 더 힘들고 고통스럽지는 않을 것이다.

그림 19. 어느 새끼 원숭이의 죽음

이만하면 괜찮은 부모

부모가 자녀에게 받을 수 있는 최고의 선물

부모는 자녀가 무사히 이 세상에 첫발을 내딛는 순간부터 이미 자녀를 통해 8가지 최상위의 긍정감정을 선물받게 된다(1장 참조). 그 후에도 부모는 자녀들이 성장해 나감에 따라 최상위의 긍정감정들을 다양한 형태로 선물받게 된다.

첫째, 자녀가 처음으로 엄마, 아빠라고 말하거나 세상에서 첫 걸음을 내딛음으로써 자녀는 부모에게 '기쁨'을 선물할 수 있다. 둘째, 자녀는 발달 과정에서 필연적으로 경험하게 되는 심리 · 사회적 위기(예컨대, 자아정체성의 형성 등)를 통해 수많은 좌절과 아픔을 경험함에도 불구하고, 마침내 목표를 달성해낼 때의 기쁨을 공유함으로써 부모에게 자녀의 미래에 대한 '희망'을 선물할 수 있다. 셋째, 자녀가 진심으로 부모를 위하고 아끼는 행동을 함으로써 부모에게 '사랑'을 선물할 수 있다. 넷째, 세월이 흘러감에 따라 눈에 띄게 흰머리가 늘어가는 등 노화가 진행되는 부모에게 자녀가 '연민'을 선물할 수 있다. 다섯째, 부모가 자신을 믿고 있다는 것을 자신도 잘 알고 있다는 마음속 '믿음'을 부모에게 선물하는 것이다. 여섯째, 인간이기에 결코 완벽할 수 없는 부모의 행적이나 인간적인 실수와 관련해서, 자녀가 부모에게 '용서'를 선물할 수 있다. 일곱째, 자녀가 부모에게 낳고 길러준 은혜에 대한 '감사'를 선물할 수 있다.

이제 비로소 자녀가 부모에게 줄 수 있는 '마지막 선물'인 동시에 '최고의 선물'에 대해 다룰 때가 되었다. 아마도 이 책의 서두에서 소개한 "부모가 자녀에게서 받을 수 있는 최고의 선물은 무엇일까?"라는 질문을 기억할 것이다. 사실, 자녀가 부모에게 줄 수 있는 최고의 선물은 '이만하면 괜찮은 부모'로서 첫걸음을 내디딘 적 있는 부모만이 받을 수 있다. 다시 말해서, 자녀에게 '기쁨'을 선물하기 위해 부모로서 《알라딘》의 요술램프에 나오는 '지니'가 된 적이 있는 부모만이 받을 수 있는 선물이다.

《알라딘》에 나오는 지니는 강력한 힘으로 사실상 다른 사람의 소원은 거의 모두 들어줄 수 있다. 그러나 지니의 약점은 절대로 스스로의 힘으로는 램프에서 벗어나지 못한다는 것이다. 지니는 오직 램프를 소유한 사람이 자신에게 주어진 세 번의 소원 기회 중 하나로 지니가 해방되기를 바란다고 말할 때만 램프에서 벗어날 수 있다.

이만하면 괜찮은 부모

"지니, 넌 이제 자유야!"

그림 20. 지니의 마지막 소원

애니메이션《알라딘》의 마지막 장면에서 알라딘은 마지막 세 번째 소원으로 지니에게 "유 아 프리(You are free)!"[12]라고 말한다. 자녀가 부모에게 선사할 수 있는 '마지막 선물'인 동시에 '최고의 선물' 역시 마찬가지다.

우리는 서두에서 '이만하면 괜찮은 부모'의 출발점이 갓 태어난 아기가 내민 손을 아기가 심리적인 안정감을 느낄 수 있게끔 따뜻하고 사랑스럽게 감싸 안아주는 것이라고 소개했다(그림 2 참조). 자녀가 손을 내밀 때 '이만하면 괜찮은 부모'로서 해줄 수 있는 최선의 일이 그 손을 포근하게 감싸 안아주는 것이라면, 자녀로서 '이만하면 괜찮은 부모'에게 전해줄 수 있는 최고의 선물은 마음의 준비가 되었을 때 오랫동안 붙들고 있던 부모의 손을 스스로 놓아주는 것이다.

중요한 점은 '이만하면 괜찮은 부모'의 경우, 스스로《알라딘》의 지니가 되는 길을 선택했기 때문에 먼저 자녀의 손을 놓을 수가 없다는 점이다. 따라서 '이만하면 괜찮은 부모'는 오직 자녀가 "유 아 프리(You are free)!"라고 말해줄 때만 진정한 해방의 기쁨을 경험할 수 있다. 그리고 자녀에게서 그러한 말을 들은 후에라야 부모로서 생애의 마지막 순간에 안심하고 세상을 떠날 수 있다.

단, 여기서 자녀가 부모의 손을 놓아준다는 것 역시 부모가 자녀의 손을 포근하게 감싸 안아주는 것과 마찬가지로 '상징적인 표현'

이만하면 괜찮은 부모

이다. 여기서 중요한 점은 외형상 성인이 되었더라도 세상의 모든 자녀가 부모의 손을 놓는 것은 아니라는 점이다. 부모가 세상을 떠난 후에도 여전히 부모의 손을 놓지 못한 채 미성숙한 삶을 살아가는 성인뿐만 아니라, 심지어는 그러한 삶을 살아가는 노인들도 많다. 아마도 이런 상황에서는 부모가 죽는 순간에도 편히 눈을 감지 못했을 것이다.

이처럼 좋은 부모가 되는 것에는 모순적인 측면이 있다. 부모가 경험할 수 있는 가장 커다란 기쁨이 바로 자녀가 부모의 품을 벗어나는 것이라는 점이다. 자녀가 스스로 부모의 손을 놓아주는 순간, '이만하면 괜찮은 부모'라면 마치 지니가 "유 아 프리(You are free)!"라는 말을 듣고 감격의 눈물을 흘릴 때만큼이나 가슴 벅찬 느낌을 받게 될 것이다. 바로 자녀가 부모에게 '삶의 순환(circle of life)이라는 경외감'을 선물하는 순간이 된다. 이런 점에서 부모의 삶은 바로 '지니로 시작해 지니로 끝나는 것'이라고 하겠다. 단, '이만하면 괜찮은 부모'는 자신의 역할을 스스로 선택한다는 점에서《알라딘》의 지니와는 다르다.

끝으로, 세상의 부모들이 '이만하면 괜찮은 부모'가 되는 길을 스스로 선택하는 데 이 책이 조금이나마 도움이 될 수 있기를 바란다. '이만하면 괜찮은 부모'는 자녀에게 인생에서 경험할 수 있는 수많은 나쁜 것들을 물리칠 힘을 가진 8가지 최상위의 긍정감정들을 선물할 수 있다. 부디, 이 책을 통해 부모가 자녀에게 기쁨, 희망, 사랑, 연민, 믿음, 용서, 감사 그리고 경외감을 선물하는 일들이 지금보다 조금씩이라도 그러나 꾸준히 점점 더 늘어날 수 있기를 기원한다.

1장. 우리 모두에게 필요한 것

1   Rolling Stone (October 19, 1978). Rock's Venus takes control of her affairs.

2   조선일보(2014년 7월 30일자). 파킨슨병 린다 론스태드 美 '국가예술상'.

3   Closer Weekly (NOV 16, 2020). Linda Ronstadt Is a Mom of 2! Meet the 'Blue Bayou' Singer's Adopted Children Mary and Carlos.

4   The Washington Post (December 3, 2019). Linda Ronstadt never stopped singing.

5   Closer Weekly (NOV 16, 2020). Linda Ronstadt Is a Mom of 2! Meet the 'Blue Bayou' Singer's Adopted Children Mary and Carlos.

6   The Washington Post (December 3, 2019). Linda Ronstadt never stopped singing.

7   Closer Weekly (NOV 16, 2020). Linda Ronstadt Is a Mom of 2! Meet the 'Blue Bayou' Singer's Adopted Children Mary and Carlos.

8   https://genius.com/The-mamas-and-the-papas-dedicated-to-the-one-i-love-lyrics

9   https://www.lyrics.com/lyric/937785/Linda+Ronstadt/Dedicated+to+the+One+I+Love

10   Silverstein, S. (1964). The giving tree. New York: Harper & Row.

11   Vaillant, G. E. (2008). Spiritual evolution: A scientific defense of faith. New York, NY, US: Broadway Books. p. 5.

12   고영건, 김진영 (2019). 행복의 품격. 서울: 한국경제신문사. pp. 122-128.

13   조지 베일런트 (2013). 행복의 지도: 하버드 성인발달연구가 주는 선물(김진영, 고영건 공역). 서울: 학지사.

14   Vaillant, G. E. (2012). Triumphs of experience: The men of the Havard Grant Study. Cambridge, MA: Harvard University Press.

15   조지 베일런트 (2013). 행복의 지도: 하버드 성인발달연구가 주는 선물(김진영, 고영건 공역). 서울: 학지사. pp. 470-472.

16   Vaillant, G. E. (2008). Spiritual evolution: A scientific defense of faith. New York, NY, US: Broadway Books. p. 5.

17   Rolling Stone (October 10, 2013). Elton John: My life in 20 songs.

18   Elton H. John. (1994). Circle of life.

19   Bettelheim, B. (1988). A good enough parent: A book on child-rearing. New York: Vintage.

20   Winnicott, D. W. (1973). The child, the family, and the outside world. New York: Penguin. p. 135.

21   조지 베일런트 (2013). 행복의 지도: 하버드 성인발달연구가 주는 선물(김진영, 고영건 공역). 서울: 학지사. pp. 483-495.

2장. 부모가 자녀에게 주는 최초의 선물, 기쁨

1   Hesiod. the Works and Days.

2   고영건, 김진영 (2019). 행복의 품격. 서울: 한국경제신문사.

3   BBC Science Focus. Why do newborn babies cry?

이만하면 괜찮은 부모

https://www.sciencefocus.com/the-human-body/why-do-newborn-babies-cry/

4   데즈먼드 모리스 (2009). 우리아기(장경철 역). 성남시: 팩컴북스.

5   유니세프한국위원회(2011). 초보엄마의 모유수유하기. 서울: 유니세프한국위원회.

6   데즈먼드 모리스 (2009). 우리아기(장경철 역). 성남시: 팩컴북스.

7   BBC Science Focus. Why do newborn babies cry?
    https://www.sciencefocus.com/the-human-body/why-do-newborn-babies-cry/

8   중앙일보(1999). 귀여운 우리아기1: NWK 특별호.

9   존 보울비 (2009). 애착: 인간애착행동에 대한 과학적 탐구. 파주: 나남.

10 Zhong, C. B., & Leonardelli, G. J. (2008). Cold and lonely: does social exclusion literally feel cold? Psychological Science, 19(9), 838-842.

11 Field, T. M. (2001). Massage therapy facilitates weight gain in preterm infants. Current Directions in Psychological Science, 10, 51-54.

12 EBS 제작팀 (2009). 아이의 사생활. 서울: 지식채널.

13 Sanchez, M. M., Aguado, F., Sanchez-Toscano, F., Saphier, D. (1995). Effects of prolonged social isolation on responses of neurons in the bed nucleus of stria terminalis, preoptic area, and hypothalamic paraventricular nucleus to stimulation of the medial amygdala. Psychoneuroendocrinology, 20(5), 525-541.

14 Avishai-Ephner, S., Yi, S. J., Newth, C. J., and Baram, T. Z. (1995). Effects of maternal and sibling deprivation on basal and stressinduced hypothalamic-pituitary-adrenal components in the in-fant rat. Neuroscience Letters, 192(1), 49-52.

15 Goldfarb, W. (1945). Effects of psychological deprivation in infancy and subsequent stimulation. The American Journal of Psychiatry,

102, 18－33.

16   Zackham, J. (2007). The Bucket List. Burbank, Ca: Warner Bros.
      Pictures INC.

17   고영건 (2019). 사람의 향기: 좋은 것은 사라지지 않는다. 서울: 박영스토리.

18   존 머스커, 론 클레멘츠 (1992). 알라딘. 버뱅크, CA: 월트 디즈니 픽처스.

19   존 보울비 (2009). 애착: 인간애착행동에 대한 과학적 탐구. 파주: 나남.

3장. 부모가 자녀에게 줄 수 있는 위대한 선물, 희망

1   Vaillant, G. E. (2008). Spiritual evolution: A scientific defense of faith.
      New York, NY, US: Broadway Books. p. 102.

2   Vaillant, G. E. (2008). Spiritual evolution: A scientific defense of faith.
      New York, NY, US: Broadway Books.

3   상동.

4   Richter, C. P. (1957). On the phenomenon of sudden death in
      animals and man. Psychosomatic Medicine, 19, 191-198.

5   조지 베일런트 (2019). 내 마음 속 천국: 영성이 이끄는 삶(김진영, 고영건
      역). 서울: 박영스토리.

6   Walt Disney Productions (1942). Bambi.

7   Vaillant, G. E. (2008). Spiritual evolution: A scientific defense of faith.
      New York, NY, US: Broadway Books. p. 104.

8   https://historyinnumbers.com/events/black-death/cures/

9   Pausch, R. & Zaslow, J. (2008). The Last Lecture. New York:
      Hyperion.

10   상동. p. 3.

11   상동. p. 149.

12   상동. pp. 51-52.

13   상동. p. 205.

14   상동. p. 206.

15   상동. p. 206.

16   상동. p. v.

17   상동. p. 23.

18   상동. p. 78.

19   Hoyt, D., & Yaeger, D. (2012). Devoted: The story of a father's love for his son. New York: Hachette Books.

20   상동.

21   http://www.teamhoyt.com/About-Team-Hoyt.html

22   https://www.youtube.com/watch?v=ts8F6dV_0uM
       My redeemer lives: A true ironman story (Team Dick and Rick Hoyt)

23   Hoyt, D., & Yaeger, D. (2012). Devoted: The story of a father's love for his son. New York: Hachette Books. p. 156.

24   https://www.menshealth.com/trending-news/a19518492/fatherhood-and-a-childs-disability/
       What my father means to me

25   Hoyt, D., & Yaeger, D. (2012). Devoted: The story of a father's love for his son. New York: Hachette Books. p. 199.

4장. 세상에서 으뜸가는 선물, 사랑

1   Vaillant, G. E. (2008). Spiritual evolution: A scientific defense of faith. New York, NY, US: Broadway Books. p. 82.

2   고린도전서 13장(개역개정)

3   Rilke, R. M. (2013). Letters to a young poet (Trans. Charlie Louth). New York: Penguin Classics. p. 42.

4   Minton, C., Kagan, J., & Levine, J. A. (1971). Maternal control and obedience in the two-year-old. Child Development, 42, 1873-1894.

5   Osho, R. (1972). Lead Kindly Light (booklet of Osho's words as reported by Ma Yoga Kranti). Bombay: Life Awakening Centre. p. 2.

6   Senior, J. (2015). All joy and no fun: The paradox of modern parenthood. New York: Ecco. p. 261.

7   상동. p. 250.

8   https://robertmunsch.com/book/love-you-forever

9   https://en.wikipedia.org/wiki/Love_You_Forever

10 Munsch, R. (2001). Love you forever. Willowdale, ON: Firefly Books.

11 Wu, Z., Autry, A. E., Bergan, J. F., Watabe-Uchida, M., & Dulac, C. G. (2014). Galanin neurons in the medial preoptic area govern parental behaviour. Nature, 509, 325-330.

12 조지 베일런트 (2013). 행복의 지도: 하버드 성인발달연구가 주는 선물(김진영, 고영건 공역). 서울: 학지사. pp. 483-495.

13 Dawkins, R. (2000). Unweaving the rainbow: Science, delusion and the appetite for wonder. New York: Mariner Books. p. 5.

14 Hugo, V. (1862). Les miserables (I. F. Hapgood trans.) Chapter IV. M. Madeleine in mourning.

15 Ainsworth, M. (1979). Infant-mother attachment. American Psychologist, 34, 932-937.

16 Bowlby, J. (1969/1982). Attachment and loss: Attachment. New York: Basic Books.

17 Vaillant, G. E. (2008). Spiritual evolution: A scientific defense of faith. New York, NY, US: Broadway Books. p. 88.

18 고영건, 김진영 (2019). 행복의 품격. 서울: 한국경제신문사.

19 중앙일보(2010년 12월 25일자). 줄리아드 첫 동양인 교수 강효 25년 스승의 길을 말하다.

20 동아일보(2007년 2월 24일자). 김경집 교수가 존경하는 강효 줄리아드음악원 교수.

21 상동.

22 KBS (2002년 4월 15일). 한민족리포트: 천재들의 수업-줄리아드 강효 교수.

23 고린도전서 13장(개역개정)

5장. 미워 보이는 자녀를 위한 선물, 연민

1 Gopnik, A., Meltzoff, A. N., & Kuhl, P. K. (2001). The scientist in the crib: What early learning tells us about the mind. New York: Harper Perennial.

2 Vaillant, G. E. (2008). Spiritual evolution: A scientific defense of faith. New York, NY, US: Broadway Books.

3 Gopnik, A., Meltzoff, A. N., & Kuhl, P. K. (2001). The scientist in the crib: What early learning tells us about the mind. New York: Harper Perennial.

4 Postman, N. (1994). The disappearance of childhood. New York: Vintage Books.

5 Mintz, S. (2006). Huck's raft: A history of American childhood. Cambridge: Belknap Press.

6 경향신문(2021년 6월 10일자). 노동현장 내몰린 아이들 전세계 1억 6000만명…코로나 여파로 20년 만에 증가.

7   Phillips, A. (2007). Going sane. New York: Harper Perennial.

8   Gopnik, A. (2016). The gardener and the carpenter: What the new science of child development tells us about the relationship between parents and children. New York: Farrar, Straus and Giroux.

9   상동.

10   Gopnik, A. (2009). The philosophical baby: What children's minds tell us about truth, love, and the meaning of life. New York: Picador.

11   Lockhart, K. L., Chang, B., & Story, T. (2002). Young Children's Beliefs about the Stability of Traits: Protective Optimism? Child Development, 73(5), 1408-1430.

12   Schwebel, D. C., & Plumert, J. M. (1999). Longitudinal and concurrent relations among temperament, ability estimation, and injury proneness. Child Development, 70, 700-712.

13   Bjorklund, D. F. (2007). Why youth is not wated on the young. Oxford: Wiley-Blackwell.

14   Life Style Magazine (2017). George Vaillant talks childhood and true happiness.
     https://www.youtube.com/watch?v=hvXfoLhIoYI

15   Bjorklund, D. F. (2007). Why youth is not wasted on the young. Oxford: Wiley-Blackwell.

16   McGonigal, J. (2011). Reality is broken: Why games make us better and how they can change the world. New York: Penguin Books.

17   상동.

18   Taylor, S. & Workman, L. (2018). The psychology of human social development: From infancy to adolescence. New York: Routledge.

19   Gopnik, A. (2016). The gardener and the carpenter: What the new science of child development tells us about the relationship between

parents and children. New York: Farrar, Straus and Giroux.

20 상동.

21 Fitzgerald, F. S. (2020). The curious case of Benjamin Button and other stories (ed. J. Daley). Mineola, NY: Dover Publications.

22 Salinger, J. D. (1991). The catcher in the rye. New York: Little, Brown and Company. pp. 224-225.

6장. 부모가 자녀에게 줄 수 있는 가장 좋은 선물, 믿음

1 Kristensen, P., & Bjerkedal, T. (2007). Explaining the relation between birth order and intelligence. Science, 316(5832), 1717.

2 Schacter, D. L., Gilbert, D. T., & Wegner, D. M. (2009). Psychology (2nd Ed.). New York: Worth Publishers. pp. 394-395.

3 https://en.wikipedia.org/wiki/The_road_to_hell_is_paved_with_good_intentions

4 Plomin R., & Spinath, F. M. (2004). Intelligence: Genetics, genes, and genomics. Journal of Personality and Social Psychology, 86(1), 112-129.

5 Schacter, D. L., Gilbert, D. T., & Wegner, D. M. (2009). Psychology (2nd Ed.). New York: Worth Publishers. pp. 406-407.

6 Tucker-Drob, E. M., Rhemtulla, M., Harden, K. P., Turkheimer, E., & Fask, D. (2010). Emergence of a gene×socioeconomic status interaction on infant mental ability between 10 months and 2 years. Psychological Science, 22(1), 125-133.

7 Turkheimer, E., Haley, A. Waldron, M., D'Onofrio, B., & Gottesman, I. I. (2003). Socioeconomic status modifies heritability of IQ in young

children. Psychological Science, 14(6), 623-628.

8   고영건 (2019). 사람의 향기: 좋은 것은 사라지지 않는다. 서울: 박영스토리.
     p. 189.

9   월터 아이작슨 (2011). 스티브 잡스(안진환 역). 서울: 민음사.

10   한겨레 (2021년 5월 17일자). 부동산 '신계급사회'··· 사다리 끊어버린 164
     배 격차.

11   Urbina, S. (2014). Essentials of psychological testing (2nd ed.).
     Hoboken, NJ: John Wiley & Sons Inc.

12   LA중앙일보 (2008년 10월 1일자). 하버드 · 스탠퍼드 등 명문대 한인학생
     44퍼센트가 중퇴. 미주판 1면.

13   한겨레 (2018년 9월 5일자). 정시 확대 반기는 강남 학부모들 "자사고 · 특
     목고 보내야죠"

14   한국일보 (2020년 9월 28일자). 의대생 5명 중 3명 · SKY대 학생 2명 중 1
     명은 고소득층 자녀.

15   필리프 잘베르 (2021). 밤비: 숲속의 삶(이세진 역). 서울: 웅진주니어. p. 3.

16   상동. p. 31.

17   KBS 2TV (2012년 7월 17일). 김승우의 승승장구.

18   동아일보 (2011년 12월 4일자). O2/내 인생을 바꾼 사람들: 어머니가 일으
     켜 세우고 남편이 붙잡아주고··· 정경화의 어머니와 남편.

19   KBS 2TV (2012년 7월 17일). 김승우의 승승장구.

7장. 자녀의 성숙을 위해 필요한 선물, 용서

1   Dobbs, D. (October 2011). Teenage Brains. National Geographic
     magazine.
     https://www.nationalgeographic.com/magazine/article/beautiful-

brains

2   Saturday Evening Post(February 13, 2018). American life, history:
      A brief history of teenagers. https://www.saturdayeveningpost.
      com/2018/02/brief-history-teenagers/

3   Phillips, A. (2007). Going sane. New York: Harper Perennial. p. 65.

4   Saturday Evening Post(February 13, 2018). American life, history:
      A brief history of teenagers. https://www.saturdayeveningpost.
      com/2018/02/brief-history-teenagers/

5   김리사 (2020). 소년범죄의 발생 현황과 시사점. 지표로 보는 이슈, 158호.

6   Saturday Evening Post(February 13, 2018). American life, history:
      A brief history of teenagers. https://www.saturdayeveningpost.
      com/2018/02/brief-history-teenagers/

7   국가통계포털. 사망원인(103항목)/성/연령(5세)별 사망자수, 사망률.
      https://kosis.kr/statHtml/statHtml.do?orgId=101&tblId=DT_1B34E01
      &checkFlag=N

8   Luthar, S. S., & Latendresse, S. J. (2005). Children of the affluent:
      Challenges to well-being. Current Directions in Psychological
      Science. 14(1), 49-53.

9   Dobbs, D. (October 2011). Teenage Brains. National Geographic
      magazine.
      https://www.nationalgeographic.com/magazine/article/beautiful-
      brains

10   상동.

11   Gopnik, A. (2012). What's wrong with the teenage mind? Wall Street
      Journal, 28 Jan 2012.

12   상동.

13   Wahlstrom, D., Collins, P., White, T., & Luciana, M. (2010).

Developmental changes in dopamine neurotransmission in adolescence: Behavioral implications and issues in assessment. Brain and Cognition, 72(1), 146-159.

14 Dobbs, D. (October 2011). Teenage Brains. National Geographic magazine.
https://www.nationalgeographic.com/magazine/article/beautiful-brains

15 ESPN (May 10, 2020). From the archives: The true story behind Michael Jordan's brief-but-promising baseball career.
https://www.espn.com/mlb/story/_/id/26449232/the-true-story-michael-jordan-brief-promising-baseball-career

16 The Sporting News (1994). The sporting news official NBA register 1994-95.

17 안영옥 (2018). 돈키호테의 말: 세상에서 가장 아름다운 광인이 들려주는 인생의 지혜. 파주: 열린책들. 전자책 191/223.

18 상동. 107/223.

19 Man of La Mancha (1972). The Impossible Dream Scene (Director: Arthur Hiller).

20 미구엘 드 세르반테스 (2014). 돈키호테(안영옥 역). 파주: 열린책들.

21 Vaillant, G. E. (2008). Spiritual evolution: A scientific defense of faith. New York, NY, US: Broadway Books.

22 수원문화원 수원학연구소 (2007). 조선왕조실록초 현륭원자료집. 수원시: 수원문화원 수원학연구소.《정조실록(正祖實錄)》13년(1789년) 10월7일 '어제장헌대왕지문' pp. 133-134.

23 Vaillant, G. E. (2008). Spiritual evolution: A scientific defense of faith. New York, NY, US: Broadway Books.

24 Hulbert, A. (2004). Raising America: Experts, parents, and a century

of advice about children. New York: Vintage. p. 280

25 Brown, M W., & Hurd, C. (2017). The runaway bunny. New York: HarperCollins.

8장. 성숙한 부모가 되기 위한 선물, 감사

1   동아일보 (2010-07-31). '아메리칸 아이돌' 결승진출자 존 박, '슈퍼스타K 시즌 2' 오디션 참가 화제.

2   tvN (2016년 8월 28일). 뇌섹시대-문제적 남자.

3   Mnet (2010년 9월 10일). 슈퍼스타K 시즌 2.

4   Harvard Class Day 2018. Harvard Orator, Jin Park. https://www.youtube.com/watch?v=TlWgdLzTPbc

5   Chowdhury, M. R. (2021). The neuroscience of gratitude and how It affects anxiety & grief. https://positivepsychology.com/neuroscience-of-gratitude/

6   Lacewing, M. (2016). Can non-theists appropriately feel existential gratitude? Religious Studies, 52(2), 145-165.

7   John Ortberg (2008). When the game is over, It all goes back in the box. Grand Rapids, MI: Zondervan. p. 149.

8   Melody Beattie Quotes. https://www.brainyquote.com/authors/melody-beattie-quotes

9   Senior, J. (2014). All joy and no fun. New York: HarperCollins.

10 상동.

11 연합뉴스(2016년 2월8일). 가족에게 가장 듣고 싶은 말은 "수고했어"·"잘했어"

12 Senior, J. (2014). All joy and no fun. New York: HarperCollins.

13 상동.

14 조지 베일런트 (2019). 내 마음 속 천국: 영성이 이끄는 삶(김진영, 고영건 역). 서울: 박영스토리.

15 Peterson, C. (2006). A primer in positive psychology. New York: Oxford University Press. pp. 32-33.

16 고영건, 김진영 (2019). 행복의 품격. 서울: 한국경제신문사.

17 SBS (2011년 9월 19일). 예능 프로그램 '힐링캠프, 기쁘지 아니한가'

9장. 부모가 자녀에게 주는 마지막 선물, 경외감

1 Albom, M. (1997). Tuesdays with Morrie. New York: Doubleday. pp. 179-180.

2 Keltner, D. (2009). Born to Be Good: The science of a meaningful life. New York: W. W. Norton & Company.

3 움베르트 에코 (2009). 하버드에서 한 문학 강의(손유택 역). 파주: 열린책들.

4 상동. p. 253.

5 조지 베일런트 (2019). 내 마음 속 천국: 영성이 이끄는 삶(김진영, 고영건 역). 서울: 박영스토리.

6 Smith, A. (2005). Moon dust: In search of the men who fell to earth. London: Bloomsbury Publishing. p. 46.

7 상동. pp. 58-59.

8 Sagan, C. (1994). Pale blue dot: a vision of the human future in space. New York: Random House. p. 8.

9 Sagan S. (2019). For small creatures such as we: Rituals for finding meaning in our unlikely world. New York: G.P. Putnam's Sons. p. 5.

10 Keltner, D. (2009). Born to Be Good: The science of a meaningful life. New York: W. W. Norton & Company.

11 논어(論語), 제9편 자한(子罕) 4장.

12 고영건 (2019). 사람의 향기: 좋은 것은 사라지지 않는다. 서울: 박영스토리.

13 Darwin, Francis ed. (1892). Charles Darwin: his life told in an autobiographical chapter, and in a selected series of his published letters. London: John Murray. p. 117.

14 상동. p. 60.

15 Dawkins, R. (2000). Unweaving the rainbow: Science, delusion and the appetite for wonder. New York: Mariner Books. preface.

16 Sagan S. (2019). For small creatures such as we: Rituals for finding meaning in our unlikely world. New York: G.P. Putnam's Sons. p. 1.

17 Vaillant, G. E. (2002). Aging well: Surprising guideposts to a happier life from the landmark study of adult development. Boston: Little, Brown and Company.

18 상동.

19 Shaw, G. B. (1932). Our theatres in the nineties by Bernard Shaw (vol. I). London: Constable & Company. p. 83.

20 John Paul II General Audience (28 July 1999). 설교의 내용을 요약 번역함. https://www.vatican.va/content/john-paul-ii/en/audiences/1999/documents/hf_jp-ii_aud_28071999.html

21 상동.

22 Sagan S. (2019). For small creatures such as we: Rituals for finding meaning in our unlikely world. New York: G.P. Putnam's Sons.

23 상동.

24 Shaw, G. B. (1898). Plays pleasant and unpleasant (vol. II). London: Grant Richards. preface.

25 조선일보(2021년 5월 1일). [NOW] 현대미술 거장 호크니, 서울 밤에 '해' 띄운다: 오늘 뉴욕 · 런던 · 도쿄… 5개 도시서 영상 공개 "코로나 시대의 희망가"

26 Manning, M. (2009). Death, like sun cannot be looked at steadily: (François de la Rochefoucauld – 1678). Studies: An Irish Quarterly Review, 98(392), 379-391. Retrieved August 28, 2021, from http://www.jstor.org/stable/25660701

27 Kübler-Ross, E. (2012). The wheel of life: A memoir of living and dying. New York: Scribner. ch1.

28 Bering, J. M., & Bjorklund, D. F. (2004). The natural emergence of reasoning about the afterlife as a developmental regularity. Developmental Psychology, 40(2), 217‑233.

29 조지 베일런트 (2013). 행복의 지도: 하버드 성인발달연구가 주는 선물(김진영, 고영건 공역). 서울: 학지사. pp. 470-472.

30 Tolstoy, L. (1904). Childhood, boyhood, youth. New York: Scribner. p. 109.

31 Albom, M. (1997). Tuesdays with Morrie. New York: Doubleday. p. 174.

32 The Cut (APR. 15, 2014). We are star stuff: Lessons of immortality and mortality from my father, Carl Sagan (By Sasha Sagan).

33 상동. 내용을 요약 번역함.

34 상동. 내용을 요약 번역함.

35 Sagan S. (2019). For small creatures such as we: Rituals for finding meaning in our unlikely world. New York: G.P. Putnam's Sons.

36 상동.

맺음말: 지니, 유 아 프리(Genie, you are free)

1 Pausch, R. & Zaslow, J. (2008). The Last Lecture. New York: Hyperion. p. 21.

2 MBN(2014년 5월 19일). 최불암의 어울림 2회.

3 SBS (2014년 3월 17일). 생활의 달인 422회. 공부의 신, 중졸 삼부자.

4 노태권, 노동주, 노희주 (2019). 중졸 삼부자 공부법. 서울: 휴먼더보이스.

5 상동.

6 상동.

7 조선일보 (2020년 6월 27일). 中卒 아빠, 게임중독 中卒 형제를 직접 가르쳐 서울대로.

8 노태권, 노동주, 노희주 (2019). 중졸 삼부자 공부법. 서울: 휴먼더보이스. p. 28.

9 상동. p. 74.

10 상동. p. 65.

11 KBS1 (2001년 6월 28일). TV 책을 말하다: 다이고로야, 고마워.

12 존 머스커, 론 클레멘츠 (1992). 알라딘. 버뱅크, CA: 월트 디즈니 픽처스.

세상의 나쁜 것을 이기는 부모의 좋은 힘
이만하면 괜찮은 부모

제1판 1쇄 발행 | 2022년 10월 20일
제1판 2쇄 발행 | 2022년 11월 9일

지은이 | 김진영, 고영건
그린이 | 고정선
펴낸이 | 오형규
펴낸곳 | 한국경제신문 한경BP
책임편집 | 마현숙
교정교열 | 박유진
저작권 | 백상아
홍보 | 이여진 · 박도현 · 하승예
마케팅 | 김규형 · 정우연
디자인 | 지소영
본문디자인 | 디자인 현

주소 | 서울특별시 중구 청파로 463
기획출판팀 | 02-3604-590, 584
영업마케팅팀 | 02-3604-595, 562   FAX | 02-3604-599
H | http://bp.hankyung.com   E | bp@hankyung.com
F | www.facebook.com/hankyungbp
등록 | 제 2-315(1967. 5. 15)

ISBN 978-89-475-4851-9   03590